내 아이가 수포자가 되지 않는
완벽한 초등수학 공부법

내 아이가 수포자가 되지 않는

완벽한 초등수학 공부법

초판 1쇄 인쇄 2022년 12월 23일
초판 1쇄 발행 2022년 12월 30일

지은이 김승태

펴낸이 박세현
펴낸곳 서랍의 날씨

기획 편집 김상희 곽병완
디자인 김민주
마케팅 전창열

주소 (우)14557 경기도 부천시 조마루로 385번길 92 부천테크노밸리유1센터 1110호

전화 070-8821-4312 | **팩스** 02-6008-4318
이메일 fandombooks@naver.com
블로그 http://blog.naver.com/fandombooks

출판등록 2009년 7월 9일(제386-251002009000081호)

ISBN 979-11-6169-229-6 13410

내 아이가
수포자가
되지 않는

완벽한 초등수학 공부법

서랍의날씨

초등학생, 수학의 정서와 근육을 만드는 시기

초등 수학은 습관과 태도가 중요합니다. 아이들이 걸음마부터 배우지 뛰는 것부터 배우는 것이 아닌 것처럼요.

사실 초등 5학년, 6학년이 되기 전까지 배우는 수학은 수학이라고 부르기 좀 힘들지 않나 싶습니다. 하지만 내 아이가 나중에 뒤처지지 않을까 하는 엄마들의 심리가 초등 저학년에게 근원을 알 수 없는 수학을 공부하도록 하는 원인이 되었습니다.

어릴 적의 수학 공부가 나쁘다는 것은 아닙니다. 하지만 근거가 모호한 학습을 시키는 것이 문제라는 뜻입니다.

자신의 자녀를 대학에 무사히 보낸 베테랑 학부모님들 중 초등학교, 중학교 때의 과한 수학 공부는 다 필요 없다고 말씀하시는 강남 어머니들이 많습니다. 물론 그들도 그 당시에는 과하게 공부를 시켰지만요.

왜 이런 현상이 생기는 것일까요? 그 원인은 아마도 수학의 큰 그림을 그리지 않은 지금의 교육 현실에 있는 것 같습니다.

현실적인 이야기를 좀 해 보도록 하겠습니다. 일단 초등 수학에서 세세하고 구체적인 학습법은 지양하도록 하세요. 기준이 모호하기 때문입니다. 그냥 큰 그림에 충실하세요. 내 아이가 수학을 좋아한다면 문제는 달라지겠지만 그것이 아니라면 무리한 학습은 오히려 독이 됩니다.

실제 있었던 이야기입니다. 초등학생 때 수학 경시에 주력하다가 대학 입시에선 썩 만족스럽지 못한 결과를 얻지 못한 학생들을 많이 보았습니다.

그 당시에는 상당히 멋진 모습으로 뛰었을 것입니다. 보통 학생들의 골인 지점은 수학 근육을 잘 형성해서 바라는 대학의 관문에 다다르는 것입니다. 그 이상도 이하도 아닙니다. 수학은 어려운 과목은 맞지만 최고로 중요한 과목은 아닙니다. 공부는 골고루 점수를 잘 받아야 합니다. 수학만 편식해서는 절대 안 됩니다.

차차 도움이 되는 이야기를 해 주겠지만 초등학생 때에는 무엇보다 학년이 올라갈수록 단단해지는 수학에 대한 정서와 강인한 근육을 형성할 수 있도록 수학적 단백질을 먹여 주는 것이 중심이 되어야 합니다.

이제부터 내 아이에게 필요한 수학적 탄수화물, 단백질, 지방, 식이섬유를 말해 주도록 하겠습니다.

제가 이렇게 자신 있게 말할 수 있는 이유는 수학 교육의 목표의식을 가지고 20여 년간 연구해 왔고 누구보다 많은 저서를 읽고 써 오면서 저 역시 학생들과 함께 변해 왔기 때문입니다.

지금 아이들은 어머니 때의 학습 방법으로는 효율적 학습이 어려울 것입니다. 자, 같이 달려 봅시다.

김승태

목차

CHAPTER 02

초등 수학, 어떻게 공부할까?

CHAPTER 03

초등 수학, 이렇게 중학 수학으로 연결된다!

CHAPTER **04**

중학교 입학 전, 반드시 알아야 할 수학 공식 원리

CHAPTER 05

여전히 떠도는 잘못된 교육 지식들

부록

CHAPTER

01

엄마들이 잘못 아는 초등 수학 공부법

01

수학 머리 없는 내 아이? 엄마랑 학원이 지어낸 말!

대부분의 엄마들이 말씀하십니다. 우리 아이는 날 닮아서 수학 머리가 없다고. 헉! 무서운 이야기입니다. 그럼 역으로 수학을 잘하는 아이들은 일반 머리에 수학 머리까지 머리가 둘 달렸다는 뜻인가요?

분명히 말씀드리면 수학 머리라는 것은 없습니다. 우리는 태초에 수학적 DNA를 지니고 태어난답니다.

태아 때부터 3까지의 수를 구별할 수 있는 수학적 능력은 가지고 태어난다고 해요. 이는 문명의 해택을 받지 않는 아마존의 원시 부족들이 가지고 있는 능력이랍니다.

그 후 수학의 발달은 자신의 노력 여하에 따라 차이가 나는 것입니다. 원시인들도 달을 보면서 원의 개념을 익혔습니다. 나머지 사각형, 오각형, 삼각형 같이 자연에 없는 모양은 우리가 학습을 통해 익힌 것입니다.

물론 수학은 다른 과목에 비해 재미가 없습니다. 하지만 재미라는 것은 과목 그 자체에서도 생길 수 있지만 어려움을 하나하나 극복해 나가는 것 또한 재미입니다.

수학을 못하는 친구들의 특징 중에는 극복하는 힘이 좀 모자란 경향이 있답니다. 우리 아이는 끈기가 약하다고 하는 어머님들의 자녀는 대개 수학의 힘도 모자랍니다.

그 말은 끈기를 길러 주면 수학의 힘도 늘어날 수 있다는 뜻입니다. 저도 현장에 오래 있어서 아는 내용으로 학원을 옮기면 테스트를 하는 곳이 있지요. 아주 나쁜 상술이랍니다.

신규 학생을 받기 위한 질이 나쁜 행동이지요. 우선 난이도 높은 문제를 주고 학생에게 풀라고 합니다. 그리고 아이가 문제를 푼다고 고생하는 동안 어머님들에게 학원의 자랑을 합니다.

당연히 준비가 되지 않은 친구는 그 학원에서 낸 문제를 몇 개 풀지 못합니다. 학교 시험도 시험 준비 기간을 주는데 말입니다.

그럼 학원장은 백발백중으로 "머리는 있는데 기본 개념이 부족한 것 같습니다. 거기다가 어디서 배웠는지 기초가 부족합니다."라고 말합니다. 헉, 타 학원을 까기까지. 무섭습니다.

머리는 있다는 말도 웃긴 말이지만 기본 개념이 부족하다고요? 그런 원장들은 수학의 개념을 모르는 분들입니다.

'개개의 사물로부터 비본질적인 것은 버리고
본질적인 것만을 추출해 내는 사유의 한 형식'

이 말이 바로 개념의 사전적 의미입니다. 개념이 잡히십니까? 개념이라는 자체가 모호한 말입니다. 풀이하기에 따라 엉뚱한 방향으로 흘러가는 그런 단어입니다. 수학자 폰 노이만은 다음과 같이 이야기합니다.

'수학은 이해하는 과목이 아니라 익숙해지는 과목이다.'

그렇습니다. 수학은 방법을 훈련하여 과정을 익히는 그런 과목입니다. 이제 우리는 방법을 바꿀 때가 왔습니다. 이제까지 방법으로는 분명히 효과가 없었습니다. 수학에 걸려 있는 오래되고 저주받은 프레임을 풀 때가 된 것입니다.

02

암기도 중요한 수학이라는 과목

수학의 시작은 무정의 용어로부터 시작합니다.

'무정의 용어 또는 근본 원리는 정의 없이 사용하는 용어이다. 한 용어를 설명하기 위해 다른 용어를 설명하고 거기에 사용된 다른 용어를 사용하게 되면 계속 순환에 빠지게 되므로 정의없이 사용하는 것이 무정의 용어이다.'

무슨 말인지 이해가 잘 되시나요? 아이들이 상대하는 수학이 이런 녀석입니다. 예를 들어 설명을 좀 더 해드리겠습니다. 도형에서 점은 크기는 없고 위치만 있습니다. 아이들이나 우리 일반인이 볼 때 그런 점point은 일상생활에서는 없습니다. 아무리 가는 점을 찍더라도 넓이는 반드시 작게라도 생깁니다. 선 역시 두께는 없고 길이만 있어야 수학에서는 선으로 봅니다. 수학의 넓이는 넓이만 있고 높이는 없어야 합니다. 이런 게 바로 무정의 용어입니다. 제가 볼 때는 상당히 정의롭지 못하다고 생각합니다.

여러분이 볼 때 이런 것을 아이들이 과연 이해할 수 있다고 생각하십니까? 우리 아이들의 뇌를 혼란에 빠트리며 꼭 이해라는 방법을 써야겠습니까?

이런 수학을 이해시키려는 것은 너무 과혹한 일이며 때로는 비효율적입니다. 자, 저는 이제 접근법을 좀 더 효율적으로 해 보고 싶어요. 수학을 다시 정리하도록 하겠습니다. 수학은 이해해야 하는 부분도 있고 이해할 수 없는 부분도 있습니다. 이는 뒤에서 좀 더 자세히 말씀드릴 테니 이젠 개념에 대해서도 일침을 가해 보겠습니다.

물론 사람들은 자신이 살아 오며 배워 온 익숙한 것을 보호하려는 마음을 누구나 가지고 있습니다. 하지만 이번만은 그러지 마세요. 우리 자녀들을 위해 새로운 것을 받아들이기 싫어하는 뇌에 반기를 들어 봅시다.

무슨 이야기를 하려고 이렇게 장대하게 출발하느냐고 생각하시지요? 바로 아무 생각 없이 말씀하시는 수학의 개념에 대해 말하려고 합니다. 수학은 개념이 중요하다고 말씀하시는 분들이 많습니다.

여쭤볼게요. 도대체 개념이 무엇인지 시원하게 설명 좀 해 주세요. 우선 단서가 있습니다. 개념이란 말을 아이들이 이해할 수 있도록 말해 주세요. 아이들이 이해할 수 있도록 개념을 말해 주셔야 아이들이 알아듣고 개념 공부를 할 것이니까요. 그냥 개념이 중요하다고 말씀하시는 것은 너무 무책임하지 않나요?

'개개의 사물로부터 비본질적인 것은 버리고 본질적인 것만을 추출(抽出)해 내는 사유(思惟)의 한 형식. 혹은 사물 현상에 대한 일반적인 지식이나 관념'

이게 바로 개념의 사전적 의미입니다. 비본질적인 것을 버리고 본질적인 것만 우리 아이 힘으로 추출할 수 있을까요? 사유란 단어에 그렇게 쉬운 느낌이 오지 않습니다.

다음 문장은 나름 쉽게 나온 문장이지만 지식이나 관념을 사물 현상에서 정리하라는 뜻인데 천진난만하게 뛰어노는 아이들에게 개념이란 또 하나의 스트레스가 아닐까요?

수학의 개념만큼 추상적인 말이 없습니다. 수학의 개념, 개념 하시는 분들에게 "개념이 없다."라고 말을 해 주고 싶습니다. 수학은 구조와 패턴에 대한 암기 70%에 개념 이해가 30%입니다. 모든 것을 다 이해하려는 학습 방법은 옳지 않습니다. 수학은 이해하는 과목이 아닙니다. 익숙해지는 과목이라는 대수학자의 말씀이 떠오릅니다. 아이들에게 개념보다는 차라리 학습계획을 세워 주세요.

03

내 아이의 수학 실력, 단원 평가만이 아니다

간혹 학교에서 간이로 보는 시험에서 일희일비하시는 학부님들이 계십니다. 이해는 됩니다. 그것 역시 하나의 평가이니까요.

만약 내 아이가 옆집 아이보다 적은 점수를 받는다면 마음의 평온은 간데없습니다. 급기야는 '학원을 바꿀까?' 하는 마음이 들기도 하니까요.

그런데 말입니다. 중간고사라는 진짜 시험에서도 점수가 낮으면 학원을 바꾸는 부모님들이 있어요. 단 한 번의 시험 결과로 말입니다.

수학 공부는 마라톤이라고 했습니다. 코스가 자신의 아이에게 맞지 않는 구간이었을 수도 있어요. 그렇다고 구간마다 코치를 바꾸는 것은 비효율적입니다. 매번 바뀌는 코치에 적응한다고 전체 마라톤 코스가 엉망이 될 거예요.

일단 학원을 바꾸지 마시고 내 아이의 학습계획을 점검해 보세요. 숙제는 제대로 하고 있었는지, 지금 생활에서 다른 문제는 없었는지 등등. 아마도 어머님이 아시고 계실 가능성이 있어요. 만약 잘 모르신다면 아이와 대화를 늘려야 하는 시기입니다. 심도 깊은 이야기는 학원에 맡길 수 있는 일이 아닙니다. 내 아이지 않습니까? 누가 가장 신경을 써야 할까요? 학원만 믿고 맡기겠다는 말씀은 정말 게으르게 들립니다. 학원에서 우리 아이만 관찰하는 것이 아닙니다. 그럴 수도 없고요.

성적의 변화가 온다면 일단 아이의 학습플랜을 검토해 주세요. 상위권 학생이 아니라면 예습보다는 복습에 치중해야 합니다. 예습은 어느 정도 전체 그림을 그릴 정도가 되어야 할 수 있는 학습법입니다.

방향을 잘못 잡은 예습법은 어쩌면 수학 학습의 길을 잃게 될지도 몰라요. 아이 스스로 중요한 부분을 잡는다는 것이 쉬운 것은 아니거든요. 여기에 대해 좀 더 이야기를 하겠습니다.

일단 참고서들의 현황입니다. 다른 참고서보다 알차게 보이기 위해 무리해서 쓸데없는 내용을 담은 문제집들이 제법 등장하고 있는 것이 현실입니다. 경쟁 사회니까요. 그러니 아이 혼자 하는 예습은 중요하지 않은 내용을 공부하는 귀중한 시간의 낭비를 가져올 수 있습니다.

또한 자기 학교 선생님이 강조하는 내용이 모든 선생님과 공유해서 출제하는 것이 아닙니다. 문제 다 거기서 거기라고 보시면 안 됩니다. 아이들은 숫자만 바뀌어도 같은 문제가 아니라고 생각합니다. 생각의 잘잘못을 떠나 분명 성적에 변화의 문제가 생겼다면 좀 더 나은 준비를 해야 하지 않을까요?

복습은 반드시 학교에서 배운 내용으로 하는 연습을 시켜 주셔야 해요. 학원 수업은 항상 보조라고 보시면 됩니다.

아참, 하나 빠트렸네요. 학습계획은 학원 커리큘럼에 맞추지 마시고 교과 과정에 맞춰서 짜야 합니다. 사실 이것이 학원을 다니는 학생이라면 불가능한 것이 현실이기도 합니다. 그런데 반드시 교과 과정에 맞춰야 하는 이유를 설명해 드릴게요.

왜냐고요? 학교 선생님이 출제자시니까요. 실력의 유무를 떠나 출제자의 의도를 아는 것부터 성적 변화의 시작입니다.

자, 이제 학교에서, 특히 초등학교에서 한 번씩 보는 쪽지 시험 형식의 평가에 대해 말하겠습니다.

저번보다 갑자기 시험 점수가 낮아졌다면 주위 친구들의 점수도 알아보세요. 이때 주변의 한 명과 비교해서는 안 됩니다.

대체적으로 다 낮은 점수가 나왔다면 정말 강한 마음으로 신경을 쓰지 마세요. 출제자가 난이도 형성에 실패한 경우이니까요. 학교 선생님이라 해서 매번 난이도 조절을 잘하시는 것은 아니랍니다. 고등학교에서도 수학 선생님이 난이도 조절에 실패해서 교감 선생님에게 불려가 지도를 받기도 하니까요. 수능 시험을 보세요. 최고의 출제자들이 모여서 출제를 하는데도 불수능이니 물수능이니 하며 난이도 조절 실패에 대한 기사가 나오는데 간이로 보는 시험에서 난이도 조절 실패는 흔한 일이거든요.

왜 점수가 잘 나온 친구 한 명하고만 비교해서는 안 된다는 말을 하냐면요. 한 명의 학생이 고득점이 나온 경우 우연히 학교 선생님이 출제에 참조했던 문제집이랑 일치하는 문제집을 풀었을 가능성도 배제할 수 없다는 것입니다. 어른들의 세계만 복잡한 것이 아니랍니다.

보통 난이도에 신경 쓰시는 선생님은 여러 문제집을 참조하여 대표 유형을 잘 배려하여 냅니다.

하지만 어려운 문제를 낸다고 나쁜 선생님이라고 할 수 없어요. 그냥 학생들 기죽이는 선생님일 뿐이지요.

우리 학창 시절을 생각해 보세요. 어렵게 내시는 분들이 꼭 있었어요. 하지만 세월 지나고 보니 그 선생님이 꼭 좋은 선생님인 것은 아니기도 하지요. 왜냐면 그 어려운 문제가 내 수학 학습에 도움이 된 경우는 거의 없으니까요. 그냥 잘하는 학생들을 돋보이게 하려는 용도였습니다.

수학자로서 지금은 어려운 문제가 좋은 문제가 아니라는 것을 알게 되었습니다. 왜냐면 어려운 문제는 수학의 실력을 높이기 위한 방편이기보다는 차등을 나누는 평가용이라는 것을 알게 된 위치니까요. 등급을 내기 위한 문제인 셈입니다.

하지만 입시를 목표로 하는 내 자녀들에게는 어쩔 수 없는 선택이기도 합니다. 그렇다고 쪽지 시험에서부터 이런 좌절감을 맛보는 것은 결코 아이들의 자신감에 도움이 되지 못합니다.

이런 부분은 학교 선생님이나 학원 관계자들도 합심하여 조심해 주었으면 합니다.

그래서 하는 말인데요. 진짜 진검승부는 중학생 이후 평가가 반영되는 학교 중간고사나 기말고사입니다. 왜냐면 이 시험은 3년 치 학교에서 출제된 문제를 참고하시어 여러 선생님이 의논을 거쳐 출제하기 때문에 어느 정도 난이도를 감안한 좋은 평가 기준이 되기 때문입니다.

그래서 결론을 말하면 학교 쪽지 시험이나 간이 평가에서는 내 아이가 충실하게 공부를 하고 있는지만 보시고 큰 비중을 두지 마시란 뜻입니다. 괜히 공부 좀 하려는 아이 기죽이지 마시고요.

작은 변화에 흔들림을 보이지 않는 엄마의 무게 중심에 우리 아이의 수학에 대한 기죽지 않음이 차곡차곡 쌓일 수 있어요. 다른 학생들도 같이 낮은 점수대를 형성한 쪽지 시험지는 쪽 찢어버리시고 아이의 손을 잡고 산책을 나가도록 하세요. 그리고 잊으세요. 제가 책임지도록 합니다.

04

스토리텔링 수학과 생활 속 수학

일단 적을 알아야 합니다. 우선 초등 스토리텔링 수학이 나와 있는 교과서를 살펴보도록 하겠습니다.

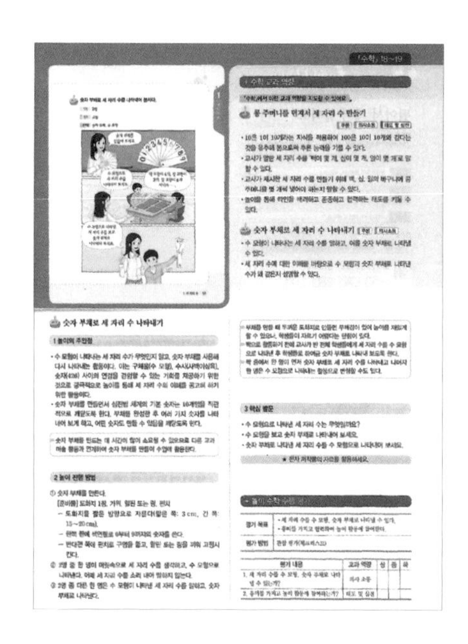

『수학』 18~19

숫자 부채로 세 자리 수 나타내기

1 놀이의 주안점

- 수 모형이 나타내는 세 자리 수가 무엇인지 알고, 숫자 부채를 사용해 다시 나타내는 활동이다. 이는 구체물(수 모형), 수사(사백이십육), 숫자(426) 사이의 연결을 경험할 수 있는 기회를 제공하기 위한 것으로 궁극적으로 놀이를 통해 세 자리 수의 이해를 공고히 하기 위한 활동이다.
- 숫자 부채를 만들면서 십진법 체계의 기본 숫자는 10개임을 직관적으로 깨닫도록 한다. 부채를 완성한 후 여러 가지 숫자를 나타내어 보게 하고, 어떤 숫자도 만들 수 있음을 깨닫도록 한다.

숫자 부채를 만드는 데 시간이 많이 소요될 수 있으므로 다른 교과 미술 활동과 연계하여 숫자 부채를 만들어 수업에 활용한다.

2 놀이 진행 방법

① 숫자 부채를 만든다.

[준비물] 도화지 1장, 가위, 할핀 또는 끈, 펀치

– 도화지를 짧은 방향으로 자른다(짧은 쪽: 3 cm, 긴 쪽: 15~20 cm).

– 한쪽 편에 네임펜으로 0부터 9까지의 숫자를 쓴다.

– 반대편 쪽에 펀치로 구멍을 뚫고, 할핀 또는 끈을 끼워 고정시킨다.

② 2명 중 한 명이 마음속으로 세 자리 수를 생각하고, 수 모형으로 나타낸다. 이때 세 자리 수를 소리 내어 말하지 않는다.

③ 2명 중 다른 한 명은 수 모형이 나타낸 세 자리 수를 읽고, 숫자 부채로 나타낸다.

+ 수학 교과 역량

「수학」에서 이런 교과 역량을 지도할 수 있어요.

콩 주머니를 던져서 세 자리 수 만들기

- 10은 1이 10개라는 지식을 적용하여 100은 10이 10개와 같다는 것을 유추해 봄으로써 추론 능력을 기를 수 있다.
- 교사가 말한 세 자리 수를 백이 몇 개, 십이 몇 개, 일이 몇 개로 말할 수 있다.
- 교사가 제시한 세 자리 수를 만들기 위해 백, 십, 일의 바구니에 콩 주머니를 몇 개씩 넣어야 하는지 말할 수 있다.
- 놀이를 통해 타인을 배려하고 존중하고 협력하는 태도를 기를 수 있다.

숫자 부채로 세 자리 수 나타내기

- 수 모형이 나타내는 세 자리 수를 말하고, 이를 숫자 부채로 나타낼 수 있다.
- 세 자리 수에 대한 이해를 바탕으로 수 모형과 숫자 부채로 나타낸 수가 왜 같은지 설명할 수 있다.

부채를 만들 때 두꺼운 도화지로 만들면 무게감이 있어 놀이를 재밌게 할 수 있으나, 학생들이 자르기 어렵다는 단점이 있다.

짝으로 활동하기 전에 교사가 반 전체 학생들에게 세 자리 수를 수 모형으로 나타낸 후 학생들로 하여금 숫자 부채로 나타내 보도록 한다.

짝 중에서 한 명이 먼저 숫자 부채로 세 자리 수를 나타내고 나머지 한 명은 수 모형으로 나타내는 활동으로 변형할 수도 있다.

3 핵심 발문

- 수 모형으로 나타낸 세 자리 수는 무엇일까요?
- 수 모형을 보고 숫자 부채로 나타내어 보세요.
- 숫자 부채로 나타낸 세 자리 수를 수 모형으로 나타내어 보세요.

★ 전자 저작물의 자료를 활용하세요.

평가 목표	• 세 자리 수를 수 모형, 숫자 부채로 나타낼 수 있다. • 준비물을 가지고 협력하여 놀이 활동에 참여한다.
평가 방법	관찰 평가(체크리스트)

평가 내용	교과 역량	상	중	하
1. 세 자리 수를 수 모형, 숫자 부채로 나타낼 수 있는가?	의사 소통			
2. 준비물 가지고 놀이 활동에 참여하는가?	태도 및 실천			

수학은 간결성이 생명입니다. 그런데 위 교과서에서는 일단 무엇을 이야기하는지 한눈에 들어오지 않습니다.

스토리텔링에 집중하다 보니 배가 산으로 가는 결과를 가져왔습니다. 왜 이런 수학 교과서가 생긴 것인지 의문이 듭니다.

제가 보기에는 수학 전문가의 작품이 아니라고 생각됩니다. 아이들에게 융합적 사고를 기르기 위해서라는 이야기가 있더군요.

융합이니 창의사고력이니 하는 것은 어느 정도 수준의 기본기를 갖춘 상태에서 습득해야 할 학습입니다.

하지만 지금의 수학 단계는 무엇입니까? 초등 수학이 아닙니까? 초등 수학에서 융합이나 창의사고력을 가르친다는 것은 아직 다 자라지도 않은 아이에게 단백질 덩어리인 프로테인을 먹이면서 보디빌딩을 시키는 것과 같습니다.

옛날 교육에서는 초등 수학이라고 하지 않았습니다. 산수라고 했지요. 그 말뜻은 지금 아이의 단계에서는 산수가 합당하다는 뜻입니다.

자꾸 어설픈 교육 정책이 이런 돌연변이 수학책을 만들어 낸 것입니다. 아라비아 숫자에 새로움을 주기 위해 바빌로니아 쐐기 숫자를 넣으면 어떻게 되겠습니까?

융합과 창의사고력은 아이의 발달 과정에서 어느 정도 성숙기에 접한 뒤에 해도 충분할 것입니다. 우리 교육이 지향하는 바가 무엇입니까? 지금은 평생 교육의 시대입니다.

다음으로 관심 있는 관계자분들의 이야기를 추려 보았습니다.

"스토리텔링이 대체 무슨 수학? 새로 개정되는 교과서는 스토리텔링 학습법이 적용되어 아이들이 쉽게 수학을 공부할 수 있도록 한다는 보도 내용을 보면서 '어디서 듣도 보도 못한 스토리텔링 수학인가' 싶었다. 그것이 도대체 수학이라는 학문과 무슨 연관이 있다는 것일까 싶었다."

"스토리텔링이 아이들이 지겨워하고 어려워하는 수학으로부터 아이들을 구원해줄 것이라는 착각을 양산하는 것은 분명한 왜곡이었다."

"수학이라는 학문은 일상 속에서 모든 잡다함을 털어내고 수와 식으로 고도로 추상화하는 논리적 작업이다. 즉, 일상의 잡다함, 이야기가 들어설 여지가 없는 학문 분야이다. 그런데 그런 수학을 학습하는 데 이야기를 활용한다니 도대체 어떤 방식일까 싶었다. 교과서의 구성을 본 순간 파안대소하지 않을 수 없었다. 너무나 많은 이야기 세계 속에 살고 있는 아이들인데 너무나 조잡한 이야기, 너무나 수준 낮은 이야기와 그림으로 아이들의 주목을 끌 수 있을지 의문이었다."

"수준 낮은 이야기로 단원을 구성하지 않아도 얼마든지 교실 안에서 다양한 물건들을 갖고 실제적으로 활동할 수 있고 개념을 학습할 수 있다. 그러한 수준을 스토리텔링 수학이라고 대대적으로 홍보해서 학부모를 불안하게 하고 있다."

"수학 교과서에서 배운 개념이나 원리를 일상생활 속에 적용하기 위해서 단원 마무리나 도입부에 수학적 이야기를 들려주는 것은 얼마든지 유의미한 활동이다. 그러나 그런 방식은 어느 정도 추상화된 원리나 개념을 학습하는 중고등학교의 학습에 더 의미 있는 활동이다."

자, 지금까지 본 이야기 중 마지막 부분이 문제의 핵심입니다. 스토리텔링의 도입 시기는 중고등학교 학생 수준에서 가능하다는 의견에 동의합니다.

또, 초등 수학에서는 이런 돌연변이 교과서가 가능하지만 중고등 수학에서는 불가능한 것이 집필진의 차이에도 있습니다.

초등 수학 교과서의 집필진은 교육대학 출신이지만 중고등 수학 교과서의 집필진들은 수학교육학과 출신이기 때문입니다.

두 과 중 어느 한 과를 폄하하겠다는 뜻이 아닙니다. 수학 교과서는 수학교육학과가 전적으로 맡아야 이런 이상한 교과서가 나오지 않는다는 뜻입니다. 그렇지 않으면 내과에서 정형외과를 담당하는 꼴이 된다는 뜻이지요.

중학생이 되면 스토리텔링 수학보다는 일상생활 속 문제들이 단원이 끝나는 부분 또는 시작되는 부분에 나옵니다.

정말 일상생활에 연계된 좋은 문제들입니다. 집필진들의 노고가 보이는 문제들이고 일선 현장에서도 선생님들이 활용하여 출제까지 하고 있습니다.

가령 예를 들면 양궁선수의 화살이 이차함수의 곡선을 그리며

날아가는 형식의 문제가 출제되거나 연립방정식에서 변수들이 요리에 쓰이는 재료의 양으로 탈바꿈되어 출제된 문제 형식 같은 것들입니다.

이런 차이는 왜 오는 걸까요? 그건 출제진들의 실력 차이가 아닙니다. 악어와 상어의 대결로 비교했을 때 상어는 늪에서 싸운다면 악어를 이길 수 없습니다. 또한 바다에서 악어는 상어를 이길 수 없지요.

무슨 소리냐면 초등 수학의 영역은 스토리텔링을 만들 수 없는 지대입니다. 그런 영역에 억지로 스토리텔링을 끌어 맞추다 보니 이런 어설픈 현상이 일어난 것입니다.

수학의 출발은 앞에서도 말했듯이 무정의 용어라는 암기로부터 시작한다고 했어요. 태생이 그런 것을 왜 자꾸 바꾸려고 하는지 모르겠습니다. 왜 수학의 눈높이에 맞추지 않고 이야기의 눈높이에 억지로 맞추려는지 모르겠어요.

아이들의 눈높이도 중요하지만 수학 고유의 영역에 위배되어서는 안 됩니다. 그것은 투정 부리는 아이들에게 세상을 맞추어 주려는 것입니다. 뒷감당은 어떻게 하시려고 그러십니까? 우리 아이들의 교육은 백년지대계입니다.

재미없는 수학을 왜 배우냐고 투정 부리며 묻는 아이들에게 선생님들은 유클리드의 예를 들어 말해줍니다.

유클리드의 제자가 "이런 것을 배워서 무엇에 씁니까?"라고 물었지요. 그러자 유클리드가 배움에서 이득을 얻으려는 그 자에게 동전 몇 닢을 줘서 돌려보내라 했습니다. 대수학자의 가르침입니다.

그렇습니다. 수학은 어렵기 때문에 배우는 것이기도 합니다. 학창 시절에 어려운 것을 이겨 내는 아이들은 분명 사회에 진출하여 자신의 목표를 달성하기 위해 생기는 어려움도 잘 극복하리라고 보기 때문입니다.

자, 이제 두 가지 경우를 한번 비교하겠습니다. 수학은 원래 어렵지만 그래도 태도를 굳건히 가지고 시작해야 한다는 학생과 수학은 재미나야 한다고 생각하면서 달려드는 학생 중 누가 끝까지 완주할 것 같습니까? 개인 차이는 분명히 있지만 마음가짐을 굳건히 하고 달려드는 친구가 더 잘하지 않을까요?

아이들에게도 때로는 시련과 고난이 존재해야 합니다. 내 아이가 소중하다고 딱딱한 본질의 수학에 부드러운 설탕을 발라서 이유식을 만들어 언제까지 떠먹일 수는 없습니다.

첫 출발은 태도입니다. 수학은 어렵다. 그래서 많은 노력을 꾸준히 해야 한다는 각오를 심어 주어야 합니다.

초등 수학에서 가장 중요한 영역을 수학의 태생에 맞춘 셈입니다. 계산을 자유자재로 실수 없이 빠르게 하는 연습에 몰두해야 합니다.

입시를 치러 본 학부모님들은 아실 수도 있을 겁니다. 수능 수학에서 12번까지는 거의 셈 위주로 된 형식의 문제들입니다. 12번까지는 실수 없이 빨리 해결해야 뒤에 나오는 고난이도 문제를 해결할 시간을 충분히 가질 수 있습니다. 뒤에 나오는 3~4개의 문제가 바라는 대학의 합격을 좌우하기 때문입니다.

내 아이가 수학자의 길을 걷겠다면 창의 수학이나 스토리텔링 수학에 관심을 가져도 좋아요. 좋은 현상입니다. 하지만 내 아이가 바라는 대학에서 공부하길 원하고 수학이 하나의 극복 과정이라면 초등 수학에서는 스토리텔링보다는 먼 입시를 바라보고 흔들림 없는 학습계획을 짜시길 바랍니다.

초등 수학은 셈입니다. 빠른 계산과 실수 없음을 숙달하는 최적기입니다. 여기에 대한 자료나 문제집은 서점에 가면 많이 있습니다. 내 아이 취향에 맞는 어떠한 문제집도 좋아요. 흔들림 없는 꾸준한 실행을 하길 바랍니다. 내 아이는 소중하니까요. 시기를 놓치지 마세요. 검정되지 않은 스토리텔링은 아닌 것 같습니다.

아참, 빠진 내용이 있습니다. 왜 중학 교과서에는 일상생활 속 수학을 중시할까요? 왜냐하면 수능 수학 문제에 한 두 문제는 꼭 나오거든요. 그러니 일종의 보험이라고 보시고 학습계획에 넣어두세요. 그리고 한 가지 더. 아이들이 싫어하겠지만 스토리텔링 수학보다는 문장제 문제를 꼭꼭 연습시켜 주세요. 수능 형태의 문제 형식이 바로 그렇습니다.

그러고 보니 다 아이들이 싫어하는 것이네요. 어쩔 수 없지 않습니까? 우리는 아이들에게 계획과 후원을 보내 주어야 합니다.

05

초등 수학 100점보다 중요한 것

초등학생들이 가장 멋져하는 일 중 하나는 수학 100점을 받는 일일 수 있습니다. 엄마들의 마음도 이와 다르지 않습니다.

100점은 96점과는 4점 차이밖에 나지 않지만 그 기쁨의 느낌 차이는 엄청납니다. 하지만 말입니다. 우리 아이가 수학을 싫어한다면 수학의 100점을 받는 느낌보다 성장해 가는 느낌이 훨씬 중요합니다.

수학은 말입니다. 거의 대부분의 사람들이 힘들어 할 수밖에 없는 구조의 학문입니다. 수학을 좋아하는 수학자들 역시도 수학 자체가 쉬운 것은 아닙니다. 그들 역시 수학이 쉬워서 좋아하는 것이 아니란 뜻입니다. 아마도 그들은 어렵고 해내기 힘든 수학을 이루어내는 성취감을 좋아할지도 모릅니다.

여기서 100점이란 결과물입니다. 또한 매번 일어나는 현상도 아닙니다. 우리 아이들은 아직도 성장이 진행되는 성장기입니다.

그런 아이들이 바로 성장할 수 있는 목표로서의 100점은 좋습니다. 하지만 완성기로서의 100점이라면 좀 생각해 봐야 할 것 같습니다. 달성하면 추락하는 길 뿐이니까요.

목표로서의 100점은 우리 아이들에게 부여해야 할 과제를 다음과 같이 제시해 줍니다. 먼저 매일 꾸준히 할 수 있는 분량을 주시고 완성하면 100점이라는 의미를 부여해 주세요. 수학계획을 스스로 짤 수 있다면 그것은 200점이라고 볼 수 있습니다.

수학계획은 목표를 가지고 짜야 합니다. 점수가 아닙니다. 내가 하루 할 수 있는 분량을 스스로 짤 수 있다는 것이 엄청나게 큰 의미가 될 것입니다. 수학은 게임처럼 신나는 것이 아니거든요.

다음으로 벽에 '하루 몇 개 풀기'라고 적어 보세요. 하지만 너무 무리한 양을 잡아서는 안 됩니다. 양의 차이는 개인마다 다 다를 것입니다.

첫걸음이 중요합니다. 꾸준히 66일 동안 지치지 않고 실천할 수 있는 양이 적당합니다. 왜 66일이냐고요? 그건 사람의 행동이 습관으로 자리 잡는 최소의 기간이기 때문입니다.

우와, 66일이란 기간 자체가 쉬운 기간이 아닙니다. 그래서 이 기간을 감안해서 아이의 학습계획을 잡아야 된다는 뜻입니다.

하루 100문제씩 66일이 가능하겠습니까? 수학자라도 힘들 것 같아요. 더군다나 내 아이가 말입니다.

자신의 아이가 가진 습성은 부모님이 더 잘 아실 것입니다. 그것을 감안하여 문제 수량과 문제집 난이도를 선택해야 한다는 뜻입니다.

제가 현장에서 봐 온 결과로는 초등학생 시기야말로 우리 아이가 수학을 대하는 자세에서 많은 시행착오를 겪어도 큰 데미지가 없는 시기라고 생각합니다.

초등학생 때의 수포자는 마음이나 태도의 수포자였지 수학 자체의 어려움으로 인해 생겨난 수포자는 아닙니다.

이 시기가 다양한 문제집을 골라 풀어 볼 수 있는 절호의 찬스입니다. 절대 경시 문제 같은 고난이도를 접하는 잘못된 선택으로 우리 아이를 수포자의 길로 인도하지 마세요.

생각해 보세요. 다양한 문제집을 접하려면 문제집이 어려워서는 안 됩니다. 감히 추천하는데 셈 위주의 책을 골라 주세요.

일단 다양성이 중요합니다. 도형에 대한 접근은 시간이 좀 많은 방학을 이용하시고요. 이 시기에는 수학의 두려움을 줄여 주는 것이라도 큰 효과가 있습니다.

분명히 말하지만 수학은 변한 게 없습니다. 우리 아이들의 머리가 과거보다 나쁜 것도 아닙니다.

과거 우리 학생들은 수학 세계 대회를 나가면 상을 휩쓸었습니다. 그건 바로 과거의 방식이 나쁜 것이 아니었다는 반증입니다.

그런데 수포자라는 말이 많이 생기면서 수포자가 더 많이 생긴 것 같습니다. 건강 검진을 많이 할수록 환자가 더 많이 생기는 것 같은 이치입니다. 건강 검진이 곧 병의 치료는 아닙니다.

내 아이가 수포자라는 말을 자주 듣는다고 수학을 잘하게 되는 데에는 아무런 도움이 되지 않습니다. 모르는 게 약이 되는 세상입니다. 포기는 하나의 습관입니다.

이 시기는 수학에 대한 우리 아이의 장단점을 시행착오를 거쳐 파악하는 게 더 중요합니다. 또한 셈에서 밀리 않는 힘을 길러주는 것이 더욱 좋습니다. 차라리 그냥 책을 읽히세요. 책읽기는 수학뿐만 아니라 모든 과목의 기초학습이 될 것입니다.

06

초등 수학이 중학 수학으로 연결되는 과정

이번에는 초등 수학이 어떻게 중학 수학과 연결이 되는지 알아보겠습니다. 또한 중학 수학과 연계가 되지 않는 부분도 발설하면 안 되지만 말씀드리도록 하겠습니다. 비밀을 지켜 주세요.

일단 초등학교 4학년 부근을 중심으로 시작하도록 하겠습니다. 그 밑의 학년은 말씀드리기 곤란해서요.

혼합계산은 정말 조심하게 자세히 기초를 새겨 두어야 할 것 같아요. 중학 수학 1학년이 되면 문자를 포함시켜 재등장하니까요. 초등학생 때 베이스가 깔리지 않는다면 이 단계에서 엉망이 될 수 있습니다.

곱셈, 나눗셈이 덧셈, 뺄셈보다 우선이 되고요. 같은 등급의 녀석들은 먼저 나오는 녀석에게 우선순위에서 이깁니다. 그리고 이 녀석들보다 우선순위에 있는 녀석이 바로 괄호입니다.

여기서 좀 더 진행되면 중학 수학인데 여기서 지수라는 조그마한 수가 밑에 있는 수의 어깨에 걸린 모습을 보여줍니다.

예를 들어보면 2^3 위에 보이는 조그마한 수 3이 바로 지수입니다. 이 녀석이 괄호보다 먼저입니다. 특별한 경우도 있지만 일반적으로는 말입니다.

그래서 초등 수학의 혼합계산은 우리 아이들을 실수로 몰고 가는 곤란한 녀석이라 하더라도 반드시 퍼펙트하게 마스터해야 할 부분입니다.

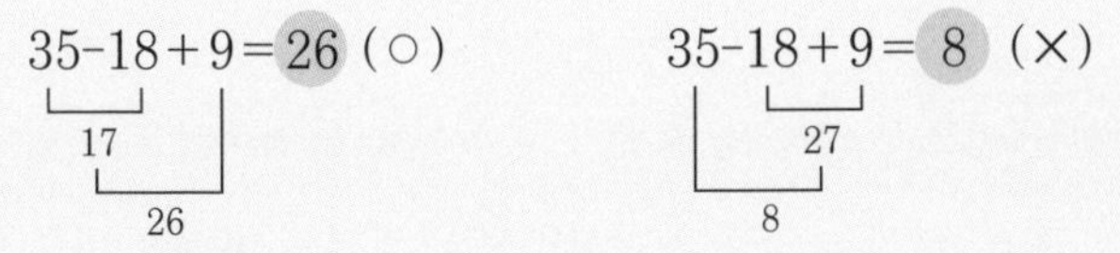

35−18+9=26 (○)	35−18+9=8 (×)
35−18 → 17, 17+9 → 26	18+9 → 27, 35−27 → 8

교재에 보면 요런 녀석들이 보이실 겁니다. 이 부분에 실수를 많이 하는 내 아이라면 반드시 많은 연습을 시켜서 준비해 주도록 하세요. 그냥 많이 시키지 마시고 의식적인 훈련을 반드시 동반해야 합니다.

이 부분의 훈련이 안 된 상태에서 중학생이 되어 고생 내지는 수학을 멀리하는 아이들이 되는 것을 실제로 보았습니다.

분수의 계산 역시 마스터해야 하는 부분입니다. 시험 점수만 보시지 마시고 반드시 확인해야 할 부분입니다. 이 부분은 나중에 미지수를 사용하는 분수의 등장으로 계산의 영역이 커져 갈 것입니다.

다음은 중학 수학에 연결되어 있는 분수의 모습입니다.

$$\frac{x}{2}+2=4$$

이런 식의 모습을 감당하려면 초등 분수의 철저한 마스터는 절대 무시할 수 없습니다. 반드시 우리 아이의 세부사항을 점검해 봐야 합니다. 이런 작은 누수들이 모여서 수포자가 되는 것입니다. 한 번의 충격으로 수포자가 될 만큼 우리 아이들은 약하지 않아요.

관심을 반드시 가져야 할 분수의 계산을 들여다보노록 합니다. 분모의 통분 역시 문자를 동반하면서 단계별로 영역이 넓혀질 것입니다. 고등학생이 되면 분자와 분모에 인수분해마저 끼어들어 오니까요.

이제 상대적으로 신경을 덜 써도 되는 부분도 말씀드리겠습니다. 학부모님들만 알고 계세요.

초등 수학의 확률과 통계에서 특히 통계 부분은 거의 중학교 수학에 연계되지 않습니다. 표그래프, 원그래프, 띠그래프 같은 것은 중학생으로 진학하면서 볼 수 없는 그런 녀석들입니다. 연계되더라도 그리 힘들지 않는 부분이 됩니다.

초등 5학년 언저리에 나타나는 분수와 소수가 혼재하는 계산은 정말 겁나는 부분입니다. 아마 선생님들도 간혹 실수하기도 합니다. 그 선생님이란 바로 저를 말하는 것입니다.

이 부분이 중학교에 올라가면서 미지수 x, y의 도움을 받아 더욱 막강한 파워로 우리 학생들을 괴롭힙니다. 여기다가 혼합사칙계산까지 가세하면 정말 끝장난 어려움에 오금이 저려 오지요. 이때 옆에서 많은 도움을 주시던지 학원 선생님에게 도와달라는 한 마디 부탁이 아마도 성장기 우리 아이들에게 정말 큰 힘이 될 것입니다. 그리고 부탁을 받은 학원 선생님도 '뭔가 아시는 부모님이구나.'라고 생각하실 겁니다.

초등 수학 부분의 약수와 배수는 어렵지 않은 내용이지만 이것은 나중에 중학 수학의 기초용어로 다가올 것입니다.

약수와 배수가 영역을 좀 더 넓히면 통분과 약분으로 덩치를 키웁니다. 연계성이라고 할 수 있죠. 이런 게 바로 개념이 필요한 활용 부분이 아닐까요? 이런 활용 개념을 아이들이 잘 습득해야 수학을 정복하는 무기가 될 것입니다.

수학을 공격할 때 많은 무기를 암기하고 있으면 확실히 도움이 됩니다. 초등 수학의 용어를 이해하기에는 그 개념의 깊이가 너무 얕아요. 그래서 개념과 용어를 많이 접하게 해서 익숙하게 만들어 주세요. 괜히 이해를 준다고 많은 설명을 하면 더욱 혼돈으로 빠트릴 수 있어요. 이때는 개념을 이해하기보다는 용어에 대한 익숙함이 더욱 중요한 시기입니다. '너무 어려워할까?' 하는 염려는 하지 마세요. 우리 아이들의 뇌는 이 시기에 이해보다는 익숙함에 더욱 용이한 상태이니까요. 호기심으로 용어들을 스펀

지처럼 빨아들일 것입니다.

이해의 시기는 중학생 때부터라는 것을 반드시 알아 두도록 합니다. 초등학생 때는 수학이라는 것에 익숙함을 묻히는 시기입니다.

자주 접하게 되면 누구라도 익숙하게 됩니다. 처음부터 이해해야 한다는 강박감을 심어 주지 마세요.

이제 분수의 나눗셈 이야기입니다. 이 녀석 역시 역수라는 개념을 동반하면서 우리 아이들을 괴롭힙니다.

초등학생일 때는 그래도 대체적으로 양호하다가 중학생이 되면 문자를 동반하면서 살짝 주의 사항과 연계가 됩니다. 삼깐 보고 가실게요.

역수는 분모, 분자의 뒤집기입니다. $\frac{2}{3} \Rightarrow \frac{3}{2}$ 이지요. 별 문제없이 무난합니다. 이제 중학교에서의 역수를 볼게요.

$$\frac{1}{2}x$$

이건 어떻게 뒤집으실래요? 여기서 아이들의 마음에 혼란이 옵니다. 따라서 뒤집기 전에 진영을 확실히 구분해 주어야 합니다.

$$\frac{1}{2}x=\frac{x}{2}$$

즉, x의 본래 위치는 분자라는 개념입니다. 한 번 짚고 넘어가겠습니다.

$$\frac{1}{2}x=\frac{1}{2}\times x=\frac{1}{2}\times\frac{x}{1}=\frac{1\times x}{2\times 1}=\frac{x}{2}$$

셈에서 기본 개념이란 이런 것입니다. 이런 것을 이해해야 합니다. 이해라는 것은 쌍방의 개념입니다. 아이 수준에 맞추어 가르쳐 주는 것이 개념 설명입니다.

그런데 개념 설명을 한다고 용어를 무차별 난사하시는 분들이 있습니다. 그분 자체로는 유능하신 것이 맞아요. 아이들을 위한 개념 설명이 아닐 뿐입니다.

이제껏 개념 설명이 이런 식으로 따로 놀았던 것입니다. 문제집 앞에 나와 있는 좀 더 전문적인 말들을 읽어 주면서 개념 설명을 했다고 하시는데, 그건 마치 인터넷에 떠도는 의학지식처럼 위험할 수 있어요.

자신도 이해 못하는 개념으로 무슨 아이들에게 개념 설명을 해준다는 건지 아이러니합니다. 그럴 바에 개념 이해라는 말보다는 아예 아이들에게 익숙함으로 스스로 찾을 수 있도록 하세요.

초등학생 시기는 이런 훈련이 더욱 중요한 시기입니다. 개념 이해와 용어 정리는 중학생 시기에 필요한 것입니다.

초등학생 시기에 아이들에게 개념 이해를 강조하는 것은 월요일 운동장 땡볕에서 하는 교장선생님의 훈시처럼 무서운 것입니다.

도형 역시 측정에 대한 계산법과 공식 정도만 암기하면 좋아요. 복잡하게 생긴 도형을 다룰 시기는 아닌 것 같습니다. 경시 도형은 걸음마를 배우는 아이이게 철인 3종 경기를 시키는 것과 같아요. 결국 사고가 나거나 근육통만 일으키고 말 것입니다.

왜냐면 도형 역시 중학생이 되면 기호화 작업을 거칩니다. 따라서 용어가 살짝 첨부되는 현상이 생기죠. 아직 과도기에 있는 도형에 너무 집착하지 마시라는 뜻입니다.

또 초등 수학 때 단위를 쓰지 않아 틀리는 경우가 있습니다. 많이 혼이 나는 경우입니다. 하지만 중학생이 되면 단위는 거의 쓰이지 않아요. 예를 들면 이런 것입니다.

$$10m^2 = 10(m^2)$$

중학교 이상의 수학에서 단위에 괄호가 있다는 것은 써도 되고 안 써도 된다는 뜻이에요. 단위 이야기가 나왔으니 하는 말인데 중학생이 되면 대분수는 거의 나오지 않아요. 다 가분수 형태로 계산을 한답니다.

가령 $2\frac{1}{2}$ 은 $\frac{5}{2}$ 로 고쳐서 사용됩니다. 문자가 등장하기 때문에 대분수의 용도가 많이 사라지게 됩니다.

$$2\frac{1}{2}=2+\frac{1}{2}=\frac{2}{1}+\frac{1}{2}=\frac{4}{2}+\frac{1}{2}=\frac{5}{2}$$

하지만 $x\frac{1}{2}=\frac{1}{2}x=\frac{1}{2}\times x=\frac{x}{2}$ 로 문자와 식이라는 새로운 규칙이 나오기 때문에 학생들의 혼선을 좀 줄이기 위해서 대분수를 멀리하지 않았나 봅니다.

이제는 원에 대한 이야기를 좀 할게요. 초등학생 때에는 3.14라는 원주율이 소수의 형태로 나오면서 아이들은 물론이고 가르치는 선생님에게도 채점의 번거로움을 선사합니다. 어려움에 계산의 번거로움까지 수학에 대한 실망감을 더욱 선사하네요.

자, 같이 환호성을 한번 지르도록 합니다. 중학생이 되면 원주율 3.14를 쓰지 않고 π라는 기호로 대체됩니다. 문자가 나와서 더욱 무섭다고요? 천만의 말씀입니다. 보고 가실게요.

$$3\times3\times3.14$$

반지름이 3인 경우의 원의 넓이를 구하는 과정입니다. 무서워서 계산은 생략할게요. 저도 무섭거든요.

이 경우에 π를 등장시킬게요. $3\times3\times\pi$로 끝이 나요. 계산합니다. 답은 9π입니다. 끝이네요.

이렇게 간단하게 될 것입니다. 초등학생 때 원주율이 포함된 계산에서 너무 삭막해지지 않아도 됩니다.

07

다니는 게 시간 낭비인 학원은?

이번 이야기는 학원을 보내지 마라는 내용이 아닙니다. 학원을 보내는 일은 맞벌이하는 부모님들이 우리 자녀들을 마땅히 관리할 수 없는 현실의 대안이기 때문입니다.

제가 보기에는 일부 과격한 학습법 관련 책을 보았을 때 학원과 과외가 아이들 공부를 망친다는 막연한 내용이 난무합니다.

제가 제일 싫어하는 것이 대책 없는 비판입니다. 우리 사회는 확증 편향적 사고가 판치는 사회입니다.

학원이나 과외는 학생 스스로 하는 학습을 망친다고 주장하는 과격분자들이 있습니다. 하지만 말은 그렇게 번지르르하게 하는데 주장하는 내용이 없거나 검증되지 않는 궤변을 늘어놓습니다. 그렇게 학부모님들을 더욱 혼란스럽게 합니다.

그럼 그 옛날 서당은 무엇입니까? 왜 자꾸 자신의 편익을 위해 현실에 맞지 않는 주장을 하는 걸까요?

《탤런드 코드》라는 책에 보면 빠른 년도생과 느린 년도생의 차이가 운동선수로서 엄청난 차이를 결정한다는 이론이 있습니다.

모든 아이들이 똑같은 성장 속도를 가지고 출발하는 것이 아니라는 겁니다. 같은 학년이라도 좀 더 일찍 태어난 아이가 더 큰 덩치를 차지함으로 인해 운동선수로서 좀 더 유리한 기회를 가지게 된다는 내용입니다.

학원을 다니는 취지도 이런 불리한 점을 감안해서 활용되어야 합니다. 뇌 성장 역시 시기의 차이가 분명 존재하기 때문이지요.

제가 여기서 주장하고 싶은 말이 무엇이냐면 내 아이에 맞는 학원을 선택해야 한다는 것입니다.

위에서 말한 내용과는 상반되지만 공부 잘하려면 학원을 끊으라는 내용들이 항간에 떠돌고 있어서 말하려고 합니다. 그들의 주장에 약간 이상한 점이 있어서 바로잡아 보려고 합니다.

학원과 과외는 공부의 적이라면서, 강남의 한 중학생이 7군데의 과외와 학원을 다니며 몸살을 앓는다는 특정 예를 들면서 또 다른 형태의 학습을 주장합니다.

이 이야기는 비타민에 빗대어 설명을 하겠습니다. 모든 비타민은 다 나름의 역할을 합니다. 하지만 개인에 따라 필요한 비타민이 있을 겁니다. 모든 비타민을 먹게 되면 필요 없는 비타민을 섭취하게 될지도 모릅니다. 그렇게 생긴 부작용을 가지고 모든 비타민이 나쁘다고 깡그리 몰아 말하는 것은 수학적 사고가 아닙니다. 제가 하고 싶은 말은 내 아이의 몸에 맞는 필요한 학습을 하라는 것이고 도움이 필요하다면 반드시 도움을 받아야 한다는 뜻입니다.

우리나라가 국제 경쟁력을 가지게 된 이유 중 하나는 사교육의 힘입니다. 공교육이 나쁘다는 것이 아닙니다. 그렇지만 한 반에 35명씩 몰아넣고 효율적 학습을 시키기에는 무리가 따릅니다.

과거에는 60명씩 한 반에 있었습니다. 그 당시의 여건이었지 우리 공교육 선생님들의 개인 역량이 모자랐던 것이 아닙니다. 최고의 선생님을 선발한다 하더라도 그 많은 학생들을 지도한다는 것은 역부족일 것입니다. 그 빈자리를 사교육이 받쳐 준 것입니다.

무엇이 이런 상황을 앞뒤 다 자르고 그저 비난하게만 만들었는지 안타깝습니다.

또 하나 우스운 이야기입니다. 우선 초등학생에게 자기 주도 학습을 시켜야 한다고요? 과연 초등학생이 자기 주도 학습이 된다고 보십니까? 만약 그렇다면 그 학생은 초등학생이 아니겠지요. 그런 아이라면 바로 고시공부를 시키세요. 우리 자녀는 초등학생입니다. 아직 스스로 할 나이가 아니므로 보호와 지도가 필요합니다. 자기 주도 학습이라는 또 하나의 짐을 씌우지 마세요.

그리고 진짜 공부 잘하는 아이는 혼자 공부한다고요? 보셨나요? 혼자 공부하는 것을. 몇 명이나 봤다고 그런 주장을 하며 감히 내 아이 기죽이게 하시는 건지. 이건 항간에 떠도는 인터넷 댓글 같은 이야기입니다.

조사 내용으로 서울대생 80%는 다 학원이나 사교육의 도움을 받았다는 기사가 있습니다. 여기서 댓글을 하나 추가하면 100% 다 받았을 겁니다.

사교육을 적대시하지 마시고 이왕 이런 현실이라면 우리 아이에게 가장 적합한 형태만을 골라서 효율과 비용 절감을 같이 추구해야 합니다.

어떤 글에서 보면 엄마들이 직접 관리해야 최상이라면서 또 다른 역설을 주장하는 분들이 있습니다.

실력 여부를 떠나서 우리 엄마들 중 대부분은 집에서 쉴 여건이 되지 않습니다. 여건이 되는 엄마들이 할 수 있는 또 다른 학습 형태를 만들어 그렇지 못한 우리 부모님들을 자괴감에 빠트리지 마세요.

자기 자녀 두어 명을 바라는 대학에 보냈다고 전문가 행세를 하시는 분이 있더군요. 그분 따라하지 마세요.

제가 군대에서 고참일 때 당구를 잘 치는 후임에게 마음대로 배웠더니 지금도 제대로 배운 친구를 만나면 번번이 집니다.

초등학생 때 제대로 기초를 잡지 않으면 나머지 공부에서 상당히 힘들어집니다. 내 아이에게 큰 고생을 시킵니다.

특히 초등학생일 때 배우는 흥미 위주의 수학 학습은 오히려 학년이 올라가면서 벽을 만들 수 있습니다.

학습을 성취했을 때의 만족감과 성취감이라는 재미를 주어야 합니다. 유명 학원들이 재미난 수학 학습법을 주장해서 하는 말입니다. 유명하다고 다 전문가는 아닙니다.

물론 전문가들도 실수를 합니다. 통계적인 수학적인 이야기로 말하면 전문가들의 실수 확률은 비전문가들의 똑똑함보다는 훨씬 적다는 것입니다.

모두 내 자녀 교육에 독이 될 수 있으니 검증되지 않은 내용으로 내 자녀를 실험대에 올리는 일은 없었으면 합니다.

이제 해결책을 알려 드릴 순간이 왔습니다. 학원이 다 나쁘다는 것이 아닙니다. 무분별한 학원 선택이 위험하다는 뜻입니다.

일단 우리 아이에게 맞는 학원을 선택하겠다는 목표를 설정하세요. 목표 설정에 도움이 되는 것은 교과 과정이 우선입니다. 제발 근거 불명, 출처 불명의 학습에 신경을 쓰지 마세요.

이것이야말로 내 아이의 학습 전략입니다. 이 근거로 기준을 세워 학원 선택이나 학습계획을 세우도록 하시면 됩니다. 목표를 세우고 시작하면 나머지들은 다 부수적인 전략입니다.

셈이 약한 친구는 셈을 중심으로 가면 되고 도형이 약한 친구들은 도형 중심의 학습을 가면 됩니다.

학원장 중에는 책을 쓰면서 한 권에 모든 것을 담으려는 분이 있어요. 서울대를 진학했던 친구들에게 물어보세요. 한 권으로 모든 것이 되는 마법 같은 책은 없습니다.

그리고 시행착오를 겪지 않은 친구들도 없습니다. 하지만 목표가 정확해야 한다는 것입니다. 정확한 목표가 있어야 내가 시행착오를 겪고 있다는 사실을 알 수 있습니다. 강사의 인기와 유명세는 내 아이의 진정한 학습에 도움이 되지 않습니다. 그건 말입니다. 잘하는 아이들을 위한 줄 세우기밖에 되지 않습니다. 왜 내 아이가 다른 아이의 줄 세우기의 희생양이 되도록 하십니까?

목표와 출발은 내 아이의 약점이나 습성에서 시작되어야 합니다. 성장기의 아이들의 발달 상태는 천차만별입니다.

내 아이를 먼저 파악하고 거기서 출발하여 목표 의식을 가지고 시행착오를 거쳐야 합니다. 기존 학원에서 하는 건 선택 사항입니다. 이상한 학습을 하는 학원은 배제시키세요.

그런 학원은 거의 대부분이 부질없습니다. 제발 교과 과정에서 벗어나지 마세요. 초등학생 시기에는 올바른 투입이 필요한 시기입니다.

우리나라의 교과 과정을 짜신 분들은 그래도 우리나라의 최고들입니다. 그런데 약간의 수학에 대한 개똥철학을 가지신 인기 있는 분들에 의해 이상한 수학을 가르치는 풍토는 좀 위험해 보입니다. 내 아이를 맡기기에 말입니다. 서술형이 중요하다고 하면 학교가 그 기준입니다.

이상한 외국 번역서를 들고 학습하는 곳이 있으니 겁이 납니다.

어떤 원장은 수학이 마치 변해가는 학문인 듯 말하며 마케팅하는 분들이 있습니다. 지금 우리 아이들이 배우는 부분은 변하는 그런 부분이 아닙니다. 200년 전의 수학자들이 만들어 놓은 하나의 역사와도 같은 부분입니다.

물론 대학이나 현장에서는 퍼지 이론처럼 변화하며 성장한 수학도 있습니다. 하지만 그건 우리 아이가 학교를 다니면서 배울 내용이 아닙니다.

자꾸 이상한 부분을 가져와서 마치 그것이 신학문인 양 현혹하는 일이 없으면 합니다. 우리 부모님들이 철학을 가지시면 더 이상 이런 학원들이나 가르치는 분들도 사라지지 않을까요? 피해는 오롯이 우리 자녀들의 몫이라는 것이 무섭습니다.

모든 일에는 기본기가 필요합니다. 초등학생 시기는 기본기를 닦을 시기이지 잡기술을 배울 시기가 아닙니다.

기본에 충실한 학습과 내 아이의 문제집이나 태도에 도움이 되는 학원을 선택해 주세요. 기준은 교과 과정입니다.

이상한 거 제발 좀 시키지 마세요. 다 필요 없어요. 책 읽기 위한 도서관에 자주 보내시고요. 아이들과 운동장에서 뛰어놀게 하세요. 뇌 발달에 가장 효과적인 투자입니다. 나중에 고등학생이 되면 알게 되겠지만 그때부터는 체력 싸움도 중요합니다.

목표를 세워서 선택하시길 바랍니다. 불안 심리로만 사람은 죽지 않습니다. 다른 아이가 한다고 해서 내 아이가 할 이유가 없습니다.

다시 말하지만 수학에 재능이 있거나 수학자가 목표가 아니라면 교과 과정을 벗어나는 선택을 하지 마세요. 목표 대학에 수학 특기생은 사라지고 없습니다.

08

입시 수학에서 진짜 중요한 것들

앞에서 말씀드렸듯이 수능 시험에서 수학은 1번부터 8번까지는 눈으로 풀어 낼 수 있을 정도로 쉽게 출제됩니다.

2점짜리 문제들이 앞에 배치되어 있거든요. 왜 이런 문제가 출제되냐면 기본점수를 주기 위함입니다.

이런 문제를 풀기 위한 요령은 빠르게 풀면서도 절대 실수해서는 안 됩니다. 그래서 초등학생일 때부터 빠르고 정확하게 셈을 하는 것이 중요하다고 말씀드린 것입니다. 이런 문제들은 내신에서는 거의 등장하지 않습니다.

입시에서 수능과 내신 두 마리의 토끼를 하나라도 놓쳐서는 바라는 대학을 갈 수 없어요. 개념에 대한 학습도 중학생 때부터 해야 하지만 빠른 계산력도 필수품입니다. 노골적으로 말씀드리면 빠르고 정확한 계산을 아주 어릴 때부터 시켜 주세요. 반드시 그 습관이 수능에서나 학년이 올라갈수록 도움이 됩니다.

어떤 시험이라도 긴장됩니다. 그런 긴장 속에서 시간 안에 해결하기 위한 빠르고 정확한 계산은 엄청난 도움이 되지요.

중고등학생이 되어 시험이 어렵게 출제되면 될수록 주어진 시간이 결코 넉넉하지 않습니다. 자신이 한 번 해결한 문제가 나오지 않는 이상은 제 시간에 모두 푼다는 것이 쉽지 않지요.

이럴 때 큰 힘이 되는 것이 바로 빠르고 정확한 계산력입니다. 수학을 잘하는 친구들도 이런 기술이 장착되지 않는다면 시험에서 훨씬 불리한 위치에 놓이게 됩니다.

입시에 필요한 초등 수학의 영역이라고 하면 도형 부분을 빼놓을 수 없습니다. 그렇다고 초등 경시용의 계산이 복잡한 도형 문제나 측정을 말하는 것은 아닙니다.

이 시기에는 도형에 대한 기능적인 측면을 관찰하는 것이 좋습니다. 이런 부분은 교과서에도 실려 있거나 도서관이나 검색창을 잘 찾아보시면 나옵니다. 가령 예를 들어 보면 이런 것들입니다.

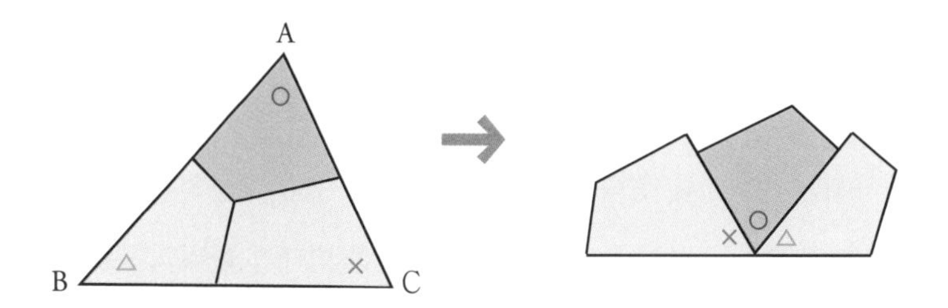

잘 찾아서 도형의 증명 모음집을 만들어 두면 상당히 도움이 될 것입니다. 원에 대한 것들도 많아요. 이런 것들은 굳이 초등학생용이 아니라 좀 더 범위를 확장해도 괜찮습니다.

이런 것들은 중학생이 되면 2학기 말미에 등장하면서 우리를 반길 것입니다. 그러다 중 2 도형에서 그 꽃을 활짝 피운 후 잠시 주춤하다가 다시 고등학생이 되면 모의고사와 수능 문제에서 그 절정을 맞이하게 될 것입니다. 그래서 도형의 연계성을 따지는 것입니다.

여기서 우리가 준비할 것에 대해 이야기하자면 도형에 대한 많은 정보는 모음집 형태로 모아 두고 수시로 참고하여 보면 수학에 대한 관심도도 높일 뿐 아니라 입시용으로도 좋습니다.

아직 준비 기간에 있을 때 놀이하듯이 모아 두면 더욱 좋습니다.

마지막으로 문장제 문제에 대한 연습입니다. 서술형과는 또 다릅니다. 최근에 뜨고 있는 출제 경향이 풀이 과정을 쓰는 서술형이라면 문장제 문제는 문제의 형식입니다. 즉, 말로 길게 물어보는 문제 형식이지요.

수능에 이런 형식의 문제가 차지하는 비중은 적지 않습니다. 그렇기에 올바른 지문 해석이 중요합니다.

하지만 문장제 문제는 아이들이라면 누구나 싫어하는 형태입니다. 가르치는 강사들에게도 결코 만만한 형태가 아니거든요. 문제의 핵심을 바로 알아보는 연습이 필요한 문제입니다.

이는 비슷한 유형을 많이 모아서 훈련을 시키면 도움이 됩니다. 이 전략 역시 개념을 이해해야 한다는 초등학생이 느끼기 힘든 형태로 접근하지 마시고 유형별, 구조적 형태적 접근으로 이런 문제에 익숙함을 길러 주어야 합니다. 유형별, 구조적 접근을 다시 한 번 더 강조합니다.

크게 이 세 가지만 유념하시어 습관화시켜두면 언제라도 부족한 부분이 생길 때 그때그때 따라갈 수 있을 겁니다.

CHAPTER

02

초등 수학,
어떻게
공부할까?

01

초등 연산, 이렇게 공부하면 문제없다

셈의 중요성은 앞에서 이야기했습니다. 그렇다면 어떤 셈을 주로 주의해야 할까요?

혼합식의 계산

$63 \div 9 + 25 - 5 \times 4 = \square$

곱셈과 나눗셈을 먼저 계산하고 앞에서부터 순서대로 계산한다.

$63 \div 9 + 25 - 5 \times 4 = 7 + 25 - 20 = 32 - 20 = 12$

① $63 \div 9$, ② 5×4, ③ $7 + 25$, ④ $32 - 20$

수포자들은 이런 계산을 힘들어합니다. 초등학생 때는 이런 다양한 유형을 모아둔 책을 한 권 돌파하는 목표를 세워 보는 것도 의미 있는 전략이 될 것입니다. 하루 몇 개씩 개수를 정해서 꾸준히 하는 습관이 더 중요한 거 아시지요?

그것이 달성되면 작은 칭찬을 꼭 해 주세요. 호르몬 건강에도 큰 도움이 됩니다. 힘든 일과 칭찬은 서로 상승 작용을 한답니다. 하버드 의대가 밝힌 내용입니다. 힘든 일에는 반드시 작은 보상을 해 주세요.

그리고 서울대생의 공부법 하나를 우리가 빌려옵니다. 이런 유형의 공부가 어느 정도 마스터되면 우리 아이들에게 문제를 10개씩 만들어 보라고 해 보세요. 문제의 구성 요소를 파악하면서 문제의 해결력과 보는 시각을 길러 주게 될 것입니다.

이 방법은 오답 노트를 만드는 것보다 한 차원이 높은 전략입니다. 그리고 친구들과 모여서 서로 문제를 풀어 보고 오류도 한 번 찾아보도록 시켜 보세요. 설령 잘못된 문제를 만들었다 해도 시행착오를 거치며 아이들의 머리에 각인시켜 줄 것입니다.

어차피 학교 수업을 듣거나 다시 공부를 하면서 바른 답을 찾게 되니 너무 걱정 안 하셔도 됩니다. 혼합계산은 학년이 올라가면 모습을 살짝 살짝 바꾸면서 그 모습을 드러내니까요. 서서히 완성될 때까지 충분한 시간이 있으니 조급하게 생각하지 마시고 기다려 주세요.

분수계산은 아주 중요합니다. 단위분수라는 용어에 대한 설명도 있지 마시고요. 단위분수란 분자가 1인 분수를 말합니다. 학년이 올라가면서 이 용어는 확장을 합니다. 단위원이라는 말도 나오는데 반지름의 길이가 1인 원으로 알려져 있습니다.

항간에서는 여러 가지 방법으로 문제 푸는 것을 강조하는데 과연 효과적인지 저는 잘 모르겠습니다. 가장 효과적인 것에 자신의 스타일을 맞추고 나면 그 다음에 생기는 것이 응용력인데 말입니다. 야구 선수가 자꾸 타격 폼을 바꾸는 것은 바람직한 현상이 아닙니다.

단순 계산에서 다양한 방법을 연구한다는 것이 과연 초등학생에게 효과적인지는 잘 모르겠네요.

기본기를 쌓을 시기에는 가장 좋고 효율적인 방법으로 쌓아야 합니다. 이것저것 섞여서 가르치다보면 틀의 형성이 안 될 수도 있어요. 내 아이가 수학을 즐겁게 생각하는 아이가 아니라면 더더욱 그런 일이 생길지도 몰라요.

굳이 가장 좋은 것을 놔두고 아직 교육적 뇌가 성장기에 있는 학생에게 혼선을 주려는 의미는 무엇인지 모르겠습니다. 야구에 자꾸 빗대어 그렇긴 하지만 성장기 투수들에게는 변화구를 추천하지 않습니다.

직구를 계속 구사하다가 완숙기에 접어들 나이가 되면 변화구를 던지기 시작합니다. 제가 볼 때에는 고등학생이야말로 모의고사 문제에서 다양한 접근법을 통한 해결 전략이 필요한 시기입니다.

단순 계산에서 다양한 접근법은 하나의 요령 익히기에 불과하거든요. 개념과 전략을 세워야 하는 문제에서 다양한 풀이의 접근법이 필요한 것입니다.

기약분수에서 살짝 하는 실수가 귀엽게 보이는 친구들에게 다음과 같이 중학생이 되면 절대 실수하지 않는 전략을 흥미 위주로 보여 줘도 됩니다. 한번 보실까요?

$$\frac{56}{120}$$

이것을 초등 식으로 계산해서 나누다 보면 과연 나눈 그 부분이 더 이상 약분이 되지 않는 기약분수가 맞는지 헷갈릴 때가 많습니다. 실수하기도 하고요.

바로잡기 위해서 중학교 기술을 살짝 가르쳐 주는 것도 미래 수업에 대한 투자라고 볼 수 있습니다.

그리고 이 문제를 해결하려면 어쩔 수 없이 소인수분해라는 기술과 소수에 대한 개념을 익혀야 합니다. 경시 수학 공부에 비하면 아무것도 아니니 익혀 보세요.

소수는 1과 자기 자신으로만 나누어지는 수입니다. 가령 예를 들어 보겠습니다. 1은 소수가 아니라고 정했고요. 2부터 출발합니다. 2의 약수가 1과 2뿐이니까 2는 소수가 맞아요. 3도 그렇군요. 4는 아닙니다. 약수를 보실까요? 1, 2, 4입니다. 2라는 불순물이 첨가되어서 소수가 아닙니다.

이렇게 소수를 찾아가면 됩니다. 소수들의 모습을 한번 쭉 살펴봅니다.

2, 3, 5, 7, 11⋯ 등등

이런 소수들로 큰 수를 나누어서 해체시키는 것이 바로 소인수분해입니다.

$$\frac{56}{120}$$

이제 이 큰 분수를 분자부터 해체하도록 합니다.

$$\begin{array}{r|l} 2 & 56 \\ \hline 2 & 28 \\ \hline 2 & 14 \\ \hline & 7 \end{array}$$

7 ⋯ 소수가 나오면 계산 끝

$$2\times2\times2\times7=56$$

분모도 같은 방식으로 가실게요.

$$\begin{array}{r|l} 2 & 120 \\ \hline 2 & 60 \\ \hline 2 & 30 \\ \hline 3 & 15 \\ \hline & 5 \end{array}$$

2가 안 통하면 다음 소수 등장 ⋯→ (3)

⋯ 5도 소수니까 계산 끝 (5)

$$2\times2\times2\times3\times5=120$$

자, 이제 방법 나갑니다. 실수하지 않는 기약분수 만들기입니다.

$$\frac{56}{120}=\frac{2\times2\times2\times7}{2\times2\times2\times3\times5}$$

여기서 분모, 분자에 있는 같은 수들을 하나씩 지우고 남은 수가 바로 기약분수입니다. 절대 빼먹지 않는 방법을 아이들에게 선물해 주세요.

$$\frac{56}{120}=\frac{2\times2\times2\times7}{2\times2\times2\times3\times5}=\frac{7}{3\times5}=\frac{7}{15}$$

간혹 초등학생들에게 필요한 중학생 수학이 있습니다. 그리고 이번에는 그 학습방법입니다.

초등 연산은 목표를 세우고 중학교 연산까지 연결해 나아가도 됩니다. 우리 아이에게 습관이 형성된다면 그리 무리한 일이 아닐 것입니다.

적당한 학습지를 붙여서 연산만 쭉 해 나가는 것도 좋습니다. 중학교까지 계속해서 추진해도 아주 좋아요.

연산은 개념이 그다지 필요하지 않으니까요. 기능적인 또는 기술적인 유형만 터득한다면 게임처럼 즐길 수도 있습니다.

초등 연산은 중등 연산으로 올라오면 몇 가지 기능이 추가되거나 확장된 개념입니다. 간혹 문자라는 대수가 한 방울 첨가되기도 합니다.

인수분해라는 기능적 측면에 한번 도전해 보는 것도 경시 수학에 도전하는 것보다 연산 측면에서는 훨씬 쉬울 것입니다.

02

도형에서 두어야 할 중점

도형은 뭐니 뭐니 해도 삼각형과 사각형, 원이 대표적으로 연결되어 확장되는 도형입니다. 삼각형은 이등변삼각형, 직각삼각형, 정삼각형이 끊임없이 성장하는 모습이지요. 이등변삼각형의 정의와 성질은 반드시 숙지해야 합니다. 한번 살펴볼까요? 정의와 성질이 어떻게 다른지를요.

우선 이등변삼각형은 두 변의 길이가 같은 삼각형이라 정의할 수 있으며 그 성질은 꼭지각이 아닌 두 밑각들의 크기가 각각 서로 같다는 것입니다.

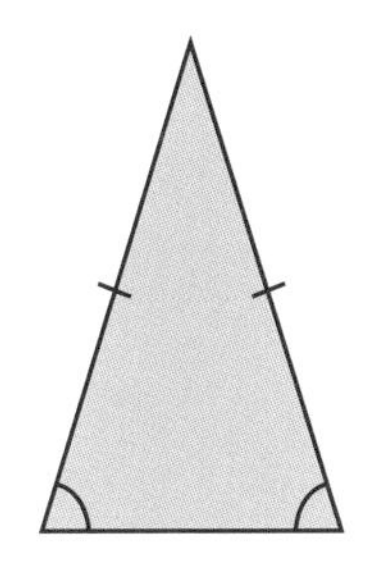

여기서 변은 정의를 나타내고 두 밑각은 성질을 나타냅니다. 초등학교에서는 이 정도로 활약하는 이등변삼각형이지만 중학교 2학년에 되면 증명 문제로 등장하면서 삼각형의 합동조건을 이끌어 내는 도형으로 활약하게 됩니다.

두 내각의 크기가 같은 삼각형은 이등변삼각형이다.

가정	두 내각의 크기가 같다. ➡ $\triangle ABC$ 에서 $\angle B = \angle C$
결론	이등변삼각형이다. ➡ $\triangle ABC$ 에서 $\overline{AB} = \overline{AC}$
증명	$\angle A$의 이등분선과 변 BC가 만나는 점을 D라고 하면 $\triangle ABC$ 와 $\triangle ACD$에서 $\angle B = \angle C$, $\angle BAD = \angle CAD$ 이므로 $\angle ADB = \angle ADC$, $\overline{AD}$ 는 공통 $\therefore \triangle ABD \equiv \triangle ACD$ (ASA 합동) $\therefore \overline{AB} = \overline{AC}$

교과서에서 발췌한 내용입니다. 이등변삼각형이 자신의 가운데를 가르면서 삼각형의 합동조건을 이끌어 내는 드라마틱한 장면입니다.

이 부분에서 서술형이 출제됩니다. 이제 중학생이 되면 서술형이 40%를 차지하게 됩니다. 앞에서도 이야기했듯이 문장제 문제와 서술형 문제는 전혀 다른 것입니다. 중학생이 되면 서술형 준비를 잘해야 합니다.

서술형이란 풀이 과정을 쓰는 걸 말합니다. 그로 인해 교과서의 중요도는 더욱 높아졌습니다. 채점의 공정성을 기하기 위해 교과서에서 많이 출제되기 때문입니다.

이등변삼각형을 배우고 수학이 재미를 좀 붙인 초등학생이라면 한 번쯤 중 2 교과서에서 이등변삼각형의 활약을 지켜보는 것도 나쁘지는 않습니다.

다음으로 기다리고 있는 직각삼각형을 만나 보도록 하겠습니다.

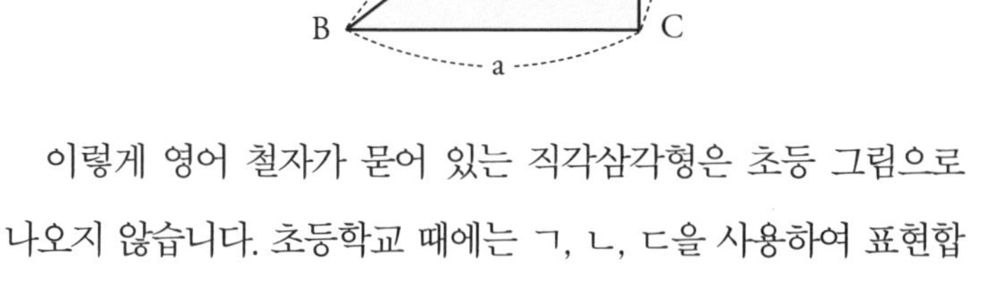

이렇게 영어 철자가 묻어 있는 직각삼각형은 초등 그림으로 나오지 않습니다. 초등학교 때에는 ㄱ, ㄴ, ㄷ을 사용하여 표현합니다.

직각삼각형은 한 각만 직각이면 됩니다. 직각 하나와 나머지 두 예각을 데리고 다니는 삼각형입니다. 직각삼각형은 나중에 변의 길이를 가지고 피타고라스의 정리를 이끌어 냅니다.

다음은 정삼각형입니다.

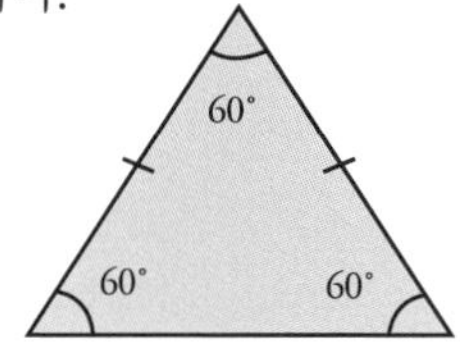

참, 단단한 녀석입니다. 세 변의 길이가 모두 같고 세 각의 크기 역시 동등하게 60°로 모두 같습니다.

이 녀석은 중학생 1, 2학년이 되더라도 그리 큰 변화를 만들어내지 않습니다. 태생부터 단단하게 형성되어 있어서 큰 변화를 보이지 않지요.

그러다가 3학년이 되면 사춘기를 맞이하게 됩니다. 자신의 신체 일부를 직각삼각형으로 변신시켜 여러 가지 공식들을 만들어 냅니다.

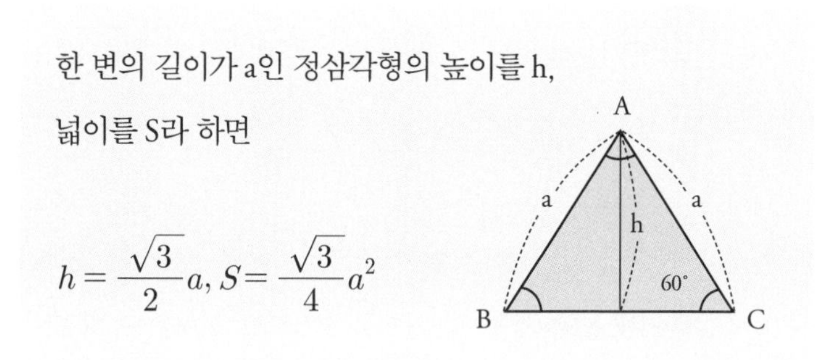

한 변의 길이가 a인 정삼각형의 높이를 h,
넓이를 S라 하면

$$h=\frac{\sqrt{3}}{2}a,\ S=\frac{\sqrt{3}}{4}a^2$$

공식으로 바로 외워서 쓰는 친구도 있지만 피타고라스의 정리를 활용해서 한 번쯤은 유도 과정을 아는 것도 중요합니다.

이런 선행을 나쁘지 않다고 봅니다. 아참, 여기서 선행 이야기를 짧게 언급하겠습니다.

저는 목표를 두고 진행하는 선행을 좋다고 생각합니다. 커리큘럼의 도움을 받아서 진행되는 선행이면 도움이 됩니다. 이런 연계성 있는 선행을 말하는 것입니다.

4학년 도형에서는 진화하기 시작하는 평행선에 대한 이야기를 안 할 수 없습니다.

한 직선에 수직인 두 직선을 그었을 때 그 두 직선은 서로 만나지 않죠. 이때 서로 만나지 않는 두 직선을 '평행'하다고 하며 평행한 두 직선은 '평행선'이라고 합니다.

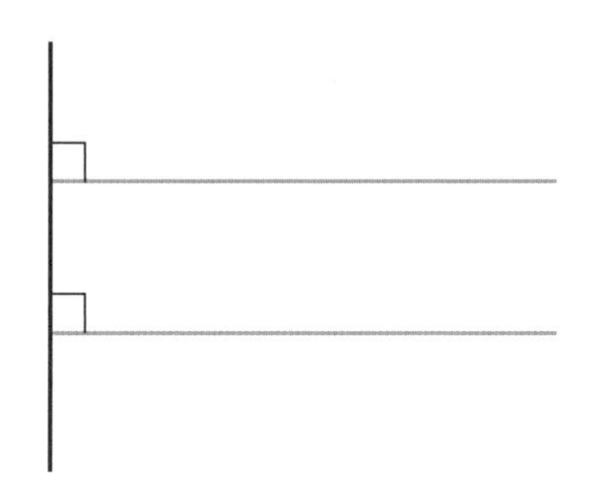

여기서 살짝 동위각과 엇각에 대한 개념을 배우고 다시 중학생이 되면 본격적인 진도를 나가게 됩니다. 그리 어려운 부분은 아니니까 잘 점검만 해 주셔도 됩니다.

일단 친척관계인 사다리꼴과 평행사변형의 관계부터 정리할게요. 사다리꼴은 마주 보는 1쌍의 변이 평행한 사각형이고 평행사변형은 마주 보는 2쌍의 변이 서로 평행한 사각형을 말합니다.

초등학생 때 배운 사다리꼴은 모양만 대충 기억하면 되고요. 평행사변형은 죽죽 확장될 것이므로 확실히 정리하도록 합니다.

평행사변형 역시 정의와 성질을 구분해서 알아야 합니다.

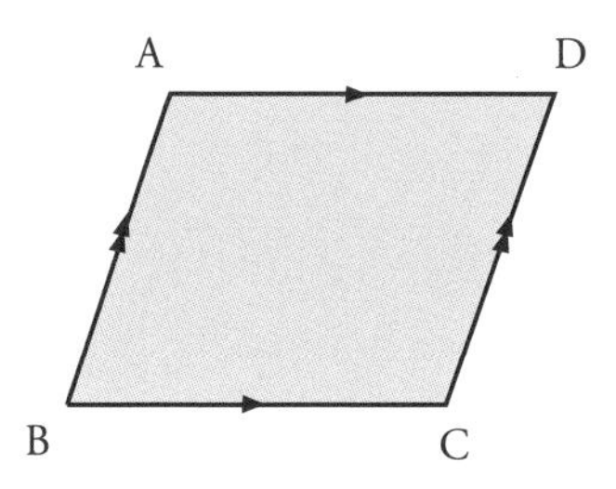

먼저 평행사변형을 정의하자면 두 쌍의 대변이 각각 평행한 사각형을 뜻합니다. 그리고 그 성질은 두 쌍의 대각의 크기가 각각 같고, 두 쌍의 대변의 길이 역시 각각 같으며, 두 대각선은 서로를 이등분한다는 것이지요.

평행사변형의 성질과 정의를 증명하는 데에는 역시 삼각형의 합동조건을 쓰게 됩니다. 그러니까 이것 역시 사각형과 삼각형의 합작으로 증명을 해 내게 됩니다. 평행사변형과 삼각형은 수능까지도 죽 달려갈 것입니다.

03

스토리텔링에 필요한 수학 학습법

스토리텔링 수학은 학생들에게 좀 더 수학에 쉽게 다가가게 하겠다는 의도로 만들어졌습니다. 하지만 오히려 역효과를 내고 있는 게 현실입니다.

좀 진정한 스토리텔링 수학을 알아보도록 하겠습니다. 아마도 학년이 올라가면서 바뀌는 수학책은 좀 더 스토리텔링을 살리는 쪽으로 만들어질 것 같습니다. 그것을 대비하는 문제 유형을 알아보도록 하겠습니다.

먼저 고대 문명의 수와 지금의 아라비아 숫자를 연계시킨 스토리텔링 문제가 있을 것 같습니다. 바로 바빌로니아의 수 체계와 아라비아 숫자를 연계시킨 문제입니다.

바빌로니아의 수는 쐐기문자로 사용되었습니다. 이를 통해 학생들에게 일대일 대응 관계를 연계시켜 만들면 아주 좋은 문제가 될 것입니다.

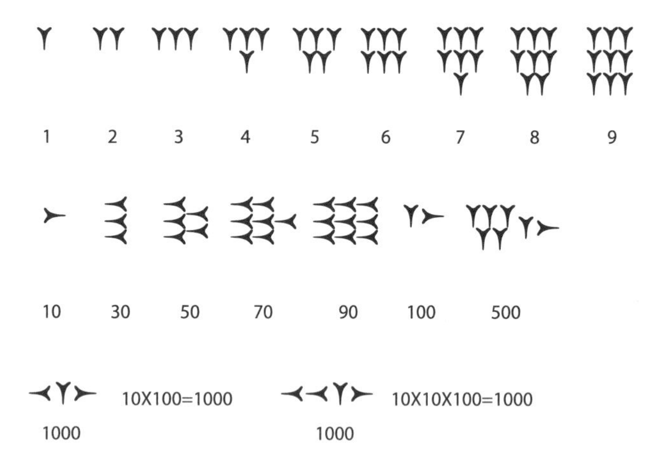

생활과 수학을 연동시켜 공부시키는 것도 아주 좋아요. 시력 검사에서 보면 소수가 등장하잖아요? 퍼센트로는 비가 올 확률을, 버스가 오는 배차시간은 배수를 이용하여 표현하는 것도 괜찮습니다.

야구의 타율을 이용하여도 스토리텔링 수학이 가능합니다. 아마도 일상생활에서 찾는 스토리텔링 수학이 제일 무난할 것입니다.

여기서 중요한 것은 초등학생 때 하는 이런 연습이 중고등학교 생활 속 수학에 작게나마 도움이 된다는 것입니다.

그렇다면 초등학생일 때 우리가 준비해야 할 초등 스토리텔링 수학의 기초는 무엇일까요?

첫째, 일상생활 속 수학 이야기를 들려주세요. 도움이 되는 추천 도서로는 《일상생활 속에 숨어 있는 수학》살림출판사, 《수학이 보인다》경문사, 《선생님도 놀라게 하는 수학》지브레인, 《실생활 속 숨어 있는 수학의 재발견》뭉치, 《생활 속 스토리텔링 수학》매일경제신문사 등이 있습니다.

둘째, 수학사를 반드시 읽도록 지도해 주세요. 이것은 수포자가 되지 않게 하는 밑그림이 될 수 있을 것이고 학생들이 수학사를 읽게 되면 수학에 흥미를 붙이는 계기가 될 것입니다. 단, 재미난 것으로 골라 읽히세요.

추천 도서로는 《수학사 아는 척하기》팬덤북스, 《수학이 풀리는 수학사》휴머니스트, 《한국수학사》살림출판사, 《달콤한 수학사》지브레인, 《십대를 위한 맛있는 수학사》휴머니스트 등이 있습니다. 이러한 책들을 읽히는 방법에 대해서는 뒤에서 다시 이야기하겠습니다.

04

창의사고력 발전시키기

좋습니다. 이제 창의사고력에 대한 이야기를 해 보도록 하겠습니다. 창의사고력 정말 좋습니다. 하지만 이것을 굳이 학원을 통해서 배우지 않아도 된다는 말씀드리고 싶습니다.

말 그대로 창의사고력입니다. 힘입니다. 창의적인 힘은 스스로 길러 내는 것이 가장 중요합니다. 천편일률적인 창의사고력은 또 하나의 길들여지는 학습입니다.

우리 자녀들에게 생각하는 힘을 길러 주는 것이 바로 창의사고력입니다. 정답이 없다고 생각하시고 놀이라고 여기도록 해 주세요.

또한 구별할 점으로 학교 수학과 분리해서 생각하는 연습을 시켜 주세요. 창의사고력은 문제를 푸는 것에 주안점을 주지 않습니다. 문제를 보는 시각을 확장하는 연습입니다. 문제를 보고 많이 생각하게 만들어 주어도 큰 도움이 될 것입니다.

그래서 꼭 문제집이 아니더라도 책을 통해서 창의사고력을 길러 주는 것이 더욱 좋습니다. 말 그대로 시간의 제한도 없어야 합니다.

학원은 아무래도 특성상 어떠한 한정과 시간의 제약으로 한계가 있는 듯합니다. 따라서 초등학생 시기에는 책 읽기를 통한 창의사고력이면 괜찮을 것입니다.

여기서 팁 하나를 더 드리자면 과학과 연계된 책이라면 더욱 좋습니다. 일단 도서관에 가셔서 책을 고른 후 한 권을 오래 보도록 연습을 시키세요. 굳이 여러 권을 읽히지 않아도 됩니다. 생각하는 힘을 기르는 것이니까요.

그리고 퍼즐 수학도 괜찮습니다. 퍼즐 수학은 좋은 방법이기는 하지만 학생에 따라 호불호가 갈립니다. 이런 문제 한번 보세요.

성냥개비 1개를 옮겨서 식이 성립하게 만드시오.

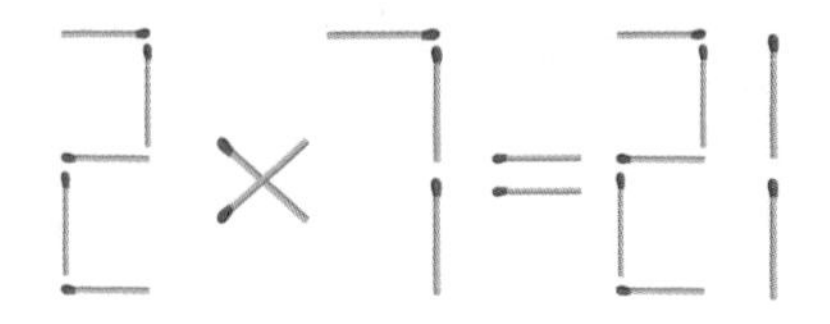

답은 2에 있는 성냥개비 하나를 옮겨서 3으로 만들면 3×7=21이라고 식을 성립하게 합니다.

이런 문제를 두고 아이들이 천천히 생각하도록 하는 게 도움이 되지 않을까요? 학원에서 제한 시간 안에 다른 친구들과 경쟁하면서 하는 것보다 말입니다.

성냥개비 문제는 시중에 책으로도 나와 있습니다. 내 아이의 취향에 맞게 고르셔도 됩니다.

포포즈 게임에 대한 공부도 도움이 됩니다. 검색을 해 보면 다양한 문제들이 나와 있습니다.

$$44 \div 44 = 1$$
$$4 \div 4 + 4 \div 4 = 2$$
$$(4 + 4 + 4) \div 4 = 3$$
$$(4 - 4) \times 4 + 4 = 4$$
$$(4 \times 4 + 4) \div 4 = 5$$
$$4 + (4 + 4) \div 4 = 6$$
$$4 + 4 - (4 \div 4) = 7$$
$$4 + 4 + 4 - 4 = 8$$
$$4 + 4 + 4 \div 4 = 9$$
$$(44 - 4) \div 4 = 10$$

이렇게 보여드리는 이유는 어떤 문제집을 선택해야 하는지 기준을 좀 제시하기 위해서입니다.

창의사고력을 기르기 위한 것으로 문제 해결 전략이라는 부분이 있습니다. 표를 만들어 해결하는 전략과 식을 세워 해결하는 전략이 있는데 표를 만들어 해결하는 것은 서술형에 쓰는 방법의 일환으로 도움이 됩니다.

거꾸로 풀어서 해결하는 방법도 초등 창의사고력에서 기준이 되는 재미요소입니다. 아무리 훌륭한 창의사고력 문제라 할지라도 내 아이가 흥미를 느끼지 못한다면 그림의 떡입니다. 먹을 수 없답니다.

내 아이가 흥미를 느끼지 못한다면 그 창의사고력 문제는 활용하지 않으셔도 좋습니다. 창의사고력은 꼭 수학을 통해서 얻으시지 않으셔도 되니까요. 입시 수학에서나 고등학교 내신에서 창의사고력이 차지하는 비율은 그다지 크게 느껴지지 않습니다.

고등학교 수학은 엉덩이의 힘입니다. 한마디로 꾸준함입니다. 그럼 "초등 창의사고력이 왜 필요한가?"라고 묻는다면 저는 아이들에게 수학의 재미를 붙여 주어서 나중에 딱딱한 녀석들과 마주쳤을 때 내공을 좀 더 쌓는 역할을 했으면 하는 바람이라고 대답해 주고 싶습니다. 그렇다면 답은 나왔습니다.

첫째, 창의사고력의 기준은 교과서와 연계성이 있어야 한다는 점입니다. 창의사고력을 빌미로 너무 멀리 간 학습은 좀 곤란합니다.

둘째, 내 아이의 흥미를 심어 줄 수 없는 창의사고력은 큰 도움이 되지 못한다는 점입니다. 입시에서 좋은 성적을 거둔 친구들에게 물어보세요. 어릴 적 창의사고력 수학이 얼마나 도움이 되었는지를. 그렇게 큰 가시적 성과를 보이지 않습니다.

셋째, 주변에 많은 교구와 문제집들이 나와 있지만 특정한 기준이 없다는 것은 아무도 아직 확실한 방법을 제시하지 못하는 증거라는 것을 아셔야 합니다.

모든 체질에 같은 보약을 쓸 수 없듯이 내 아이에게 창의사고력을 맞출 수 없다면 그 기준은 어디까지나 교과 과정에서 크게 벗어나서는 안 된다는 것입니다. 크게 벗어난 것일수록 검증되지 않은 학습방법이라고 보시면 됩니다.

검증되지 않는 방식을 내 아이에게 적용하고 싶습니까? 누가 좋다고 해서 따라 하다가는 다른 아이를 돋보이게 하는 처지에 놓이게 될 수도 있습니다.

이렇게 보면 창의사고력 수학은 양날의 검 같은 것일지도 모릅니다. 일단 창의사고력은 꼭 수학으로 해야 한다는 고정 관념을 버렸으면 합니다.

창의사고가 나쁘다는 것이 아니라 이왕 하려고 한다면 좀 더 신중한 선택이 필요하다는 것입니다.

왜냐하면 제가 창의사고 수학책이나 학원 시스템 중에서 터무니없는 것을 많이 봤기 때문입니다. 일부를 크게 과장했거나 아니면 여러 가지를 짜깁기해서 만든 시스템이 보였습니다. 아이들의 장래를 두고 무서운 짓을 하고 있다는 생각이 들었습니다.

기준이 없는, 검증되지 않은 창의사고가 판을 치고 있는 무서운 세상입니다. 초등학생 때의 수학은 나중의 학습을 위해 많은 것을 흡수해야 할 시기입니다. 표현할 시기가 아니라는 점입니다.

하나만 물어보고 이 장을 마치겠습니다. 창의사고력의 필요성에 대한 대답이 될 것입니다. 내 아이가 똑똑하게 말하는 아이로 만들고 싶으십니까? 아니면 수학 잘하는 아이를 원하십니까? 이에 관한 답은 어머님들의 선택 사항일 것입니다.

05

수학사는 어느 정도 읽혀야 할까?

초등학생 시기에는 수학사와 수학자에 대한 이야기책이 다다익선이라고 말하고 싶습니다. 검증이 불가능한 이상한 학습에 시간을 투자하는 대신 수학자나 수학사에 관한 책을 읽히는 것은 매우 중요합니다.

중학생이 된 이후 수학사나 수학자에 관한 이야기책을 읽는 일은 수행 평가 기간이 아니면 거의 시간을 내기가 쉽지 않습니다.

밥상머리 교육이라는 말이 있듯이 초등학생 시기에 수학자나 수학사에 대한 책을 읽는 독서는 절대 수포자가 되지 않게 하는 막강한 힘이 있습니다.

우리가 어릴 적 어머니 손을 잡고 간 종교활동이 커서도 많은 영향을 미치듯이 어릴 적 도서관에서 읽은 수학사나 수학자에 관한 이야기책은 나중에 중고등학생이 되어 수학이 힘들고 지칠 때

이를 이겨 낼 수 있는 힘을 제공해 줄 것입니다.

세상은 아는 만큼 보인다고 합니다. 자신이 아는 수학자가 나오는 수학책 부분에서는 좀 더 관심을 가지게 되는 것이 당연하다고 봅니다.

그럼 이에 대해 어떠한 책들이 있는지 알아보도록 하겠습니다. 먼저 수학사에 관한 책입니다. 읽어볼 만한 책으로는 《한국수학사》살림Math, 《간추린 수학사》신한출판미디어, 《청소년을 위한 서양수학사》두리미디어 등이 있어요. 수학사는 몇 권만 읽어봐도 큰 틀이 잡힐 것입니다.

자, 이제 수학자에 관한 책을 언급하겠습니다. 아이들은 수학을 공부하다가 힘들어지면 "누가 수학을 만든 거야?"라는 말을 많이 합니다. 누가 만들었는지 가르쳐 줘야 하지 않을까요?

여러 수학자들이 있지만 주로 교과서를 만든 수학자에 대한 책을 읽히도록 합니다. 교과서에 수록된 내용의 수학은 거의 17세기와 18세기의 수학자들이 만들었습니다.

수학이 싫은데 수학자는 더 싫어할 것이라고 생각할 수도 있지만 수학자들을 조사하다 보면 의외로 재미난 일화들이 많습니다.

최초의 수학자인 탈레스는 무역을 해서 돈을 많이 벌었고요. 피라미드의 높이를 막대기 하나로 재기도 했답니다.

수학자 피타고라스는 수학을 거의 종교의 수준까지 끌어올리기도 했습니다. 그로 인해 목숨을 잃게 되지만요.

수학자인 유클리드의 이야기도 재미있어요. 아이들이 안 읽어서 그렇지 읽어 보면 아주 재미난 이야기들이 많이 있습니다.

이처럼 수학은 재미없더라도 수학자들은 재미난 많은 에피소드를 지니고 있어요. 지렛대만 주면 지구를 제겠다며 나서는 수학자들도 있고요. 별의별 수학자들이 많아요.

이 정도 읽게 되면 아이들은 자연히 수학에 대한 흥미가 생겨날 것입니다. 우회적인 방법이기는 해도 가장 확실한 흥미 전략이기도 합니다.

아이들이 공부를 하다가 힘든 단원이 나오면 증오의 대상인 수학자를 떠올릴 것이며 그를 상대한다는 목표의식이 생기게 된다면 이 또한 좋은 현상이 아닐까요?

수학에 흥미를 느끼지 못하는 자녀라면 반드시 수학사와 수학자 이야기를 읽혀 주세요. 수학 공부하라는 말보다 더 은근한 효과가 있을 겁니다.

06

내 아이에게 맞는 문제집 선택요령

천재교육이던 디딤돌이던 비상교육이던 일단 기본서를 한 권 풀려 봅니다. 기본서를 고를 때는 내 아이가 좋아하는 편집 상태를 선택해도 됩니다. 기본서이니까요.

출판사들이 같이 경쟁하면서 참조하기 때문에 기본서의 문제집 내용 상태는 대동소이합니다. 그래서 내 아이가 좋아하는 것을 선택해도 좋습니다.

아니면 작년에 내 아이가 풀었던 문제집을 참조하셔도 됩니다. 바로 아래 학년의 문제집으로 선택 기준을 잡으셔도 되고요.

기본서를 푼 상태를 점검해 보면 내 아이의 실력에 관한 전체 윤곽이 보일 겁니다. 여기서 아이의 어디가 약하다는 것을 학원 선생님이나 아이의 말을 기준으로 판단할 필요는 없습니다. 문제집에 채점되어 있는 상태를 보고 판단하는 것이 더욱 정확할 것입니다.

도형이 약한지 도형에서 계산이 약한지 아니면 수와 식 부분에서 약한지 직접 확인 작업을 거치는 것이 좋습니다. 그러고 나서 아이의 말을 들어 보거나 학원 선생님에게 물어 보세요.

연산 부분이 약하다면 그에 따른 전문서들이 있습니다. 추천 들어가겠습니다.

초등 연산에 맞춘 전문서 추천

기본서	제목	출판사	특징
수학의 기본 기적의 계산법 6권	기적의 계산법	길벗스쿨	오래된 베스트셀러입니다. 많이들 사용하고 있습니다. 학년 구분이 되어 있으니 참조하세요.
학기별 계산력 강화 프로그램 바쁜 6학년을 위한 빠른 교과서 연산 6-1학기 5분 공부해도 15분 공부한 효과!	빠른 교과서 연산	이지스에듀	요즘 핫하게 나오는 문제집입니다. 편집 상태가 훌륭합니다.

똑똑한 하루 빅터 연산 2A	똑똑한 하루 빅터 연산	천재 교육	천재교육에서 나와서 믿을 만합니다.
K-1집 기탄수학 www.gitan.co.kr 기탄교육	기탄 수학	기탄 교육	역시 오래된 전통의 문제집입니다.

사실 이들 문제집은 거기서 거기입니다. 연산 계산에서 뭐 신기한 방법이 있겠습니까? 그래서 도움을 드린다면 내 아이의 약점을 토대로 단계를 높여 나가는 전략을 구사하시길 바랍니다.

관리가 힘드시다면 학습지 선생님에게 의뢰하시는 길도 추천드립니다. 굳이 학원을 가지 않아도 됩니다.

연산 자체에 특별한 기능을 첨부할 필요도 없습니다. 새로운 방법을 내세우는 지도법이라면 거의 사이비에 가까운 것입니다.

특수한 경우에만 적용되는 이상한 기술을 내세워 뭔가 있어 보이려는 수작입니다. 그렇다고 해서 3×3=9가 8이 되는 것이 아니듯이 말입니다.

만약 내 아이가 도형 부분에서 좀 힘이 달린다면 교과서랑 연계된《도형 바로 알기》라는 문제집을 추천합니다.

▲ 도형 바로 알기 미래엔에듀

학년별로 나누어지는 문제집이 좋아요. 두루뭉술하게 한 권에 다 들어 있는 것은 학생 스스로 교과 연계를 찾아내기 어렵습니다.

도형에 좀 더 관심이 많은 학생들은 약간 상위권의 교재로《빨라지고 강해지는 이것이 도형이다》를 추천합니다.

▲ 빨라지고 강해지는 이것이 도형이다 시매쓰

하지만 무엇보다도 중요한 것은 아이가 지치게 해서는 안 됩니다. 하루 목표치를 정하고 스스로 시행착오를 거치면서 양을 조정하도록 해 주세요.

이제 문장제 문제집입니다. 이런 문제집은 한 권을 다 풀어 봤으면 합니다. 스토리텔링 수학보다는 문장제 문제가 더 어렵고 중요한 것 같습니다. 나중에 수능까지 가다 보면 이런 유형의 문제는 꼭 출제됩니다. 중학생이 되면 문장제 문제가 성적을 판가름할 수도 있습니다. 비교적 마음의 부담이 없는 시기에 한두 권 접해 봤으면 좋겠습니다.

하지만 여기서도 마찬가지입니다. 아이를 지치게 하지는 마세요. 문장제를 너무 싫어한다면 하루에 2~3 문제도 괜찮습니다. 습관만 길러주면 그것으로도 됩니다.

대표적인 문제집으로는《문제해결의 길잡이》를 추천합니다.

▲ **문제해결의 길잡이** 미래엔에듀

이것 역시 교과서와 연계된 문제가 좋습니다. 너무 많은 양의 문제집은 비추천합니다. 그리고 학생들이 싫어하는 스타일의 편집 상태 역시 좋지 못합니다. 그 기준은 내 아이입니다.

이런 유형의 문제집을 미리 맛보는 것이지 이것을 잘 못 푼다고 실망할 것도 없습니다. 나중을 위한 예방 접종이라고 생각하세요.

문제를 많이 푸는 것이 좋은지 물어 보는 경우가 많습니다. 그 많다는 기준은 아이마다 다르기 때문에 정답이 없는 것 같습니다.

하지만 목표는 빠르고 정확하게 푸는 것이 되어야 합니다. 아무리 많이 풀더라도 이런 기준 목표가 달성되지 않는다면 아무런 의미가 없습니다.

학습이란 목표가 있고 달성되어야 하는 것 아니겠습니까? 목표가 없는 양의 판단이 무슨 의미가 있을까요?

07

내 아이에게 맞는 수학 홈 스쿨

저의 친구를 보면 한의사가 많고 저 역시 한의학에 관심이 많으므로 한의학적으로 설명을 좀 해 보도록 하겠습니다.

그 전에 초등학생의 학습 집중력은 15분 정도입니다. 어른이 20분 정도이므로 별반 차이가 나지 않습니다.

그런데 스마트폰의 영향으로 집중력이 더 떨어졌을 겁니다. 이것은 책에 몰입할 수 있는 집중도를 말합니다. 게임이야 2시간 정도는 충분히 몰입할 것 같습니다.

이번에는 초등학생들의 집중력이 높지 않은 상태에서 공부하는 요령을 알려 드리겠습니다. 우선 체질이란 변하지 않습니다. 체질이 변하는 것이 아니라 체격이나 체력이 변할 수 있습니다.

체질은 엄마나 아빠 두 사람 중의 한 분의 것을 물려받습니다. 지능에 대해선 물어 보지 마세요. 모를뿐더러 부부 싸움을 일으키고 싶은 생각도 없으니까요.

엄마나 아빠의 체형이 하체 쪽으로 몰려 있다면 아이는 100%로 태음인에 가깝습니다. 이런 체형의 아이는 오래도록 책상에 앉아서 공부할 수 있습니다. 집중력을 말하는 것이 아니라 끈기 있게 책상을 사수할 수 있다는 뜻입니다. 앉아서 쉬기도 하고 공부하기도 한다는 뜻이죠. 즉, 곰처럼 앉아서 공부할 수 있습니다.

서울대 가는 스타일은 머리가 좋은 아이들보다 이런 단군 신화의 주역인 곰 같은 아이입니다. 서울대는 천재형보다는 끈기가 있는 학생들이 많이 진학하더라고요. 천재형의 기준은 여러 가지가 있으니 너무 집착하지 말아 주세요.

내 아이의 생김새가 아빠나 엄마를 닮아 날렵한 스타일이라고 하면 오래 앉아서 공부하는 스타일이 아닙니다. 무리하게 오래 앉혀 놓으면 오히려 역효과입니다.

40분 공부에 10분 휴식으로 공부시켜야 합니다. 짧게, 짧게 여러 차례 공부를 시키는 방법이 효과적입니다. 이 방법도 규칙만 잘 따르면 효과를 볼 수 있습니다.

이제 체질적으로 까다로운 스타일인 태양인 체질입니다. 아이 때는 다 통통한 얼굴이라 얼굴로는 구별하기 힘들기 때문에 아빠나 엄마의 얼굴에 살이 별로 없는 스타일로 아이의 성격이 신경질적이라면 태양인일 가능성이 농후합니다.

천재형이지만 학습시키기에는 만만한 스타일이 아닙니다. 모든 아이가 다 공부하기 싫어하기는 마찬가지만 이 체질의 아이는 자신이 이해되지 않으면 진도가 나가지 않습니다.

에디슨이 이 체질이라고 하니 항상 동기 부여를 시켜 주세요. 잘 지도하면 좋은 성과를 낼 것입니다.

숙제를 몰아서 하는 아이라면 반드시 주의를 주도록 하세요. 이건 절대 안 됩니다. 학습지가 쌓이면 포기하듯이 이런 행동은 습관성 포기를 일으키는 행동입니다. 습관이 되면 바로 잡기가 무척 힘이 듭니다.

만약 이런 모습을 발견하게 된다면 즉각 공부를 중지시키시고 학원에서 혼이 나게 해 주세요. 이런 것도 교육입니다.

자극이 없으면 그 습관은 견고하게 굳어질 수 있고 그 축적된 결과가 수포자로의 영향을 줄 수 있습니다.

집에서 공부하다 보면 답안지를 가지고 실랑이를 벌이는 경우가 있습니다. 답안지를 무조건 보지 않게 하는 방법도 효율적인 방법이라고 볼 수 없습니다.

물론 단순 계산에서 답지를 보는 것은 문제 풀기가 싫어서입니다. 단순 계산에서는 절대 답지를 활용하게 해서는 안 됩니다.

하지만 초등 고학년이 되며 식을 세워서 풀거나 전략이 필요한 문제라면 어느 정도 고민하다가 한계에 부딪칠 때 답안지를 잘 활용하도록 유도하세요.

아예 감도 잡지 못하는 아이가 혼자서 몇 날 며칠을 고민해서 풀어야 한다는 분들이 있으신데 좀 가혹하다는 생각이 듭니다. 수학 공부는 추억 쌓기랑은 다릅니다. 애초에 어디서 이런 말들이 생겨났는지 잘 모르겠지만 수학은 며칠을 고생해서 풀어야 진정한 수학이라고 외치는 분들이 곳곳에서 보입니다. 저는 학생들을 위해서라도 이런 분들과 멀리 하고 지냅니다.

그런 학습 방법은 어린 초등학생들에게 어울리지 않습니다. 대학생 정도 되어야 가능한 연구적 수학인 것 같습니다.

물론 수학이 쉬운 과목이 아니라서 이런 방법 저런 방식이 생겨났지만요. 수학 연구적 방식은 자극적이고 멋있어 보이면서 스토리 있는 것 같아도 어린 학생들에게는 추천해서는 안 되는 방법이라고 생각됩니다. 시기가 맞지 않는 학습 방법입니다.

고학년이 되면 답안지를 적절히 활용하도록 해 주세요. 모든 출판사들이 최고의 집필진을 모시고 항상 최선의 풀이로 경쟁하면서 만든 작품이므로 답안지 해설 방식은 가장 효율적이면서 기준이 되는 풀이 방법입니다.

만약 내 아이가 스스로 터득한 방식이 어떠한 경우에만 적용되는 잘못된 방식이 아니란 것을 알아 낼 수 있을 자신이 있다면 그렇게 해 보세요.

응용력과 다른 풀이 방법은 기초가 탄탄히 잡힌 후에나 나와야 되는 것입니다. 잘못된 방식의 풀이는 당장 그 악성이 나오지 않습니다. 쌓이고 쌓여 고등학생 쯤 되면 삐거덕거리면서 문제와 학습 누수가 보이기 시작합니다.

수학은 학습 구조와 원리가 견고한 학문입니다. 초등 단계와 중등 단계에서 잘못 쌓아진 학습이 바로 나타나지 않습니다.

진짜 수포자는 고등학교 때 나타납니다. 그 전에 나타나는 수포자들은 아류입니다. 그런 아이들은 수학만 그런 것이 아니라는 것입니다. 다른 과목도 비실거리는 아이들입니다.

결정적으로 다른 과목은 성적이 나오는데 수학은 정말 노력을 해도 나오지 않는 절박한 경우가 진짜 수포자를 만들게 합니다. 전체적으로 다 못하는데 무슨 수포자라고 따로 떼서 부르는지 모르겠습니다.

채점 후 답지를 보고 틀린 문제는 그 답지를 기준으로 이해하도록 이끌어 주세요. 이상한 방법으로 문제를 맞혔다고 내 아이가 천재인가 하는 오류는 범하지 마세요.

9×8=81이라고 외워서 하지 않고 9를 9번 더해서 찾아냈다고 "와!" 하는 것은 어리석은 것입니다.

내 아이를 바르게 학습시켜 주도록 하세요. 채점하다가 틀렸다고 화내지 마세요. 바른 풀이를 보고 다시 연습을 시켜 주세요. 그리고 유사한 문제에 도전하여 이겨 내도록 해 주세요.

공부할 때는 실수도 하고 틀려도 됩니다. 많이 틀리고 많이 생각하고 많이 고쳐야 실력이 늘어납니다.

영재라고 칭찬받던 학생이 있었는데 채점하고 나서 틀린 표시가 많이 되어 있다고 울기까지 했습니다. 그건 아마도 부모님이 잘못 지도한 결과인 것 같습니다.

머리에 칭찬해서는 안 되고 노력에 칭찬을 해야 합니다. 처음부터 똑똑한 학생은 없습니다. 안 배웠는데 어떻게 해결을 합니까? 수학은 개념만으로 문제를 해결할 수 없습니다. 그래서 수학

문제집을 보면 개념과 유형이라는 말이 같이 다니는 것입니다.

이제부터는 노력하는 아이들이 칭찬받는 학습 풍토를 조성해야 합니다. 내 아이가 수학을 아주 못하는 초등학생이라면 연산만 시켜 보세요. 거기서 다시 시작하는 것입니다. 연산만 놓치지 않는다면 다시 일어설 수 있습니다.

열심히 하는데 성적이 잘 나오지 않는다면 안과 밖을 모두 점검하셔야 합니다. 이런 상황은 정말 안타까운 상황이므로 반드시 도움이 필요합니다.

아는 건데 자꾸 틀리는 유형의 학생이라면 일단 반복하는 양의 임계치를 넘겨야 합니다. 양이 작으면 또 실수하게 되어 있습니다. 실수 역시 하나의 굳어진 습관일 수 있거든요. 또한 학습량이 부족해서 생기는 현상이기도 합니다.

정말 학습량이 많아 임계치를 넘기면 실수를 하지 않습니다. 한두 번 푼 다음 아는 문제가 나왔어도 실수로 틀렸다고 하는데 그 정도 반복이면 실수하게 되어 있습니다. 충분한 연습만이 실수를 줄입니다. 다른 방법이 없습니다.

08

내 아이에게 맞는 수학 학원 공부법

내 아이가 초등학생이라는 기준에서 말하도록 하겠습니다. "어떤 학원에 보낼까요?"라고 물어보면 "집에서 가까운 곳에 보내세요." 라고 말해 주고 싶습니다.

우리가 식사를 하면 단백질, 탄수화물, 지방 이렇게 3대 영양소가 주축이 되어야 합니다. 비타민이 좋다고 해서 식사 대용식으로 비타민만 먹어서는 안 됩니다.

마찬가지로 교구 활용이 머리에 도움이 된다고 교구 활용 학원을 다니는 분들이 있는데 그 학원의 원장님들에게 욕 들어먹을 각오로 말하겠습니다.

그 옛날 저의 어린 시절 주판 학원이 있었습니다. 한때는 붐을 이루었지요. 주판은 십진법 체계가 아니라 오진법 체계입니다. 그때 당시는 교과서에서도 오진법을 다루기도 했어요. 그러더니 컴퓨터의 활성화로 오진법 체계의 주판은 역사의 뒤안길로 걸어가

더군요.

컴퓨터는 2진법 체계입니다. 시대가 변한 것이죠. 교구는 코딩의 시대에 또 하나의 주판 냄새를 풍기는 것입니다. 물론 내 아이에게 추억을 선물하고 싶으시면 뭐라고 말하고 싶지 않습니다. 자동차를 타고 다니는 현실에서 마차의 향수를 느끼고 싶다면 할 말이 없으니까요.

그것 아십니까? 수학도 진화한다는 것을요. 세탁기를 보세요. 퍼지 이론으로 감별을 합니다. 빨래의 양을 알아서 물의 양을 조절하는 것이 수학의 퍼지 이론입니다.

건널목 신호등에 사람의 양이 파란 불의 시간을 결정하는 그런 시대에 살고 있습니다. 내 아이를 향수의 수학에 젖게 하시겠다면 그런 수학을 가르쳐 주세요. 그런데 말입니다. 초등 수학은 그런 학습이 사실은 필요 없습니다. 활용 수학을 익힐 시기가 아니란 것입니다.

구관이 명관이듯이 이 시기에는 아이들의 기초 수학 실력을 탄탄히 해 주는 전략을 짜야 합니다.

그 말인즉슨 특정 지식을 현란하게 광고하는 학원을 선택하지 마시고 학교 수업에서 모자란 부분을 메꾸어 주는 학원을 선택하라는 뜻입니다.

제발 한 곳만 다니세요. 내 아이 지쳐 쓰러지게 하지 마시고요. 물론 옆집 철수가 많은 학원을 다니고 있으니 불안한 마음은 압니다.

하지만 앞집 대학생을 보고 물어 보세요. 모범생인 대학생이잖아요. 그 학생은 분명히 말해 줄 겁니다.

초등학생 때 다녔던 정체불명의 학원들 아무런 도움이 되지 않았다고요. 대학을 결정짓는 진짜 공부의 시작은 고등학교 때입니다.

실제로 제가 학원 원장이던 시절 중 2때부터 달렸던 학생이 무난하게 서울대를 진학한 케이스를 보았습니다.

그 학생은 그 전까지는 농구에 미쳐 있었거든요. 선수는 아니었고 학교 수학 성적도 무난히 60점대를 유지하고 있었습니다.

초등 수학에서 점수는 그리 중요한 것이 아닙니다. 태도와 끈기를 기르는 그것이 중요합니다. 이 친구는 운동으로 다져진 체력으로 나머지 4년에 올인한 케이스입니다.

제가 직접 지도를 해서 압니다. 딱히 그 친구 머리나 제 머리나 차이가 별로 없었습니다. 왜냐면 저 역시 수학을 가르치다가 실수하는 지역이 매년 그 지역쯤에서 나오는 보통 머리거든요.

제가 왜 우리 학원에 왔냐고 하니까 그냥 집에서 가장 가까운 학원이라서 그렇다고 하더군요. 줄자로 재어 보니 옆 라인의 왕수학보다는 우리 학원이 조금 더 가까웠습니다. 기특한 녀석입니다.

그렇게 제게 중 3까지 배우고 학원을 떠났습니다. 아버지의 학습 전략으로 지방의 기숙사가 있는 고등학교로 보내졌거든요.

녀석은 거기서 EBS 인강을 무수히 돌려보며 모르는 부분에서 저에게 메일을 보내곤 했습니다. 물론 많은 답장을 하지 못했습니다. 저에게 메일을 보낼 정도의 열성이면 누구에게라도 모르는 부분이 생기면 물어보았을 것입니다.

결론을 말하자면 내 아이에게 맞는 학원을 굳이 초등학생 때는 고를 이유가 있을지 드는 의문에서 드리는 말씀입니다.

"구구단에는 왕도가 없습니다."

물론 제가 지어낸 말이지만, 초등 수학에는 왕도가 없습니다. 내 아이에게 수학하는 끈기와 태도를 길러주는 그런 학원이라면 딱입니다.

CHAPTER

03

초등 수학, 이렇게 중학 수학으로 연결된다!

01

초등 수학이 중학 수학으로 연결되는 1라운드

초등 수학의 규칙 찾기 단원은 중학 수학의 거듭제곱 부분과 연계될 것입니다. 가령 예를 들어 봅시다.

"2를 100번 곱했을 때 일의 자리 수는 무엇입니까?"

이 문제는 거의 5번 안쪽으로 계산해 보면 규칙성이 나옵니다. 요즘 고등 수학 역시 규칙을 찾는 문제는 5번 안에서 규칙이 발견되도록 규정되어 있습니다.

규칙 찾기 문제가 나오면 우리 아이들에게 5번 안에 규칙이 나온다고 일러 주세요. 멋진 엄마로 보일 것입니다.

초등 수학의 약수와 배수 부분은 중학 수학의 소인수분해랑 연관이 됩니다. 뭐 그렇다고 어려워지는 부분은 아니니까. 물가 상승만큼 어려운 걱정은 아닙니다.

2) 60 ⋯ 60을 가장 작은 소수인 2로 나눈다.
2) 30 ⋯ 몫 30을 2로 나눈다.
3) 15 ⋯ 몫 15를 소수 3으로 나눈다.
5 ⋯ 몫 5는 소수이므로 계산을 끝낸다.

예를 들면 이런 것입니다. 초등학생 때도 가능한 부분이지만 단지 소인수분해라는 용어를 쓰지 않을 뿐입니다. 중학생이 되면 그 이름을 불러 주며 비로소 다가옵니다.

최대공약수도 이 연장선에 있어요. 초등 부분을 먼저 살펴보면

2) 84 120
2) 42 60
3) 21 30
7 10

↑ 최대공약수: 2×2×3

요런 모습입니다. 이 모습이 약간 메이컵합니다. 메이컵이란 바로 소인수분해를 이용한다는 뜻이에요.

$$60 = 2^2 \times 3 \times 5$$
$$48 = 2^4 \times 3$$
$$\text{최대공약수} = 2^2 \times 3$$

↘ ↙

공통인 것 중 지수가 작은 것

위 식처럼 소인수분해를 통해서 최대공약수도 찾고 최소공배수도 찾는 법을 배웁니다. 좀 더 실수를 방지하는 기법인데 언제나 아이들은 새로운 것을 배우기 싫어하지요. 가득이나 수학이라면 말입니다.

초등 수학에서는 정수라는 말을 쓰지 않아요. 하지만 살짝 그의 등장을 예고하는 형태의 문제가 있지요. 그것은 바로 영상, 영하, 지상, 지하라는 단어가 들어간 문제들입니다. 그렇게 음의 정수에 대한 예고편을 깔아 두다가 중학생이 되면 정수라는 이름을 내세웁니다. 비로소 본격적으로 출연을 하게 되는 거죠.

$$\text{정수}\begin{cases}\text{양의 정수 : } +1,\ +2,\ +3\ \cdots \\ 0 \\ \text{음의 정수 : } -1,\ -2,\ -3\ \cdots\end{cases}$$

양의 정수는 자연수를 말합니다. 중학생이 되면 음의 정수가 자신의 자리를 찾아갑니다. 그리고 중학생이 되면서 자신의 이름을 제대로 찾기 시작하는 수가 있습니다.

그 이름은 유리수입니다. 어릴 적 이름은 분수라고 불리기도 했지요. 분수의 형태를 띠는 유리수는 초등학생 때 많은 활약을 합니다. 유리수가 되면서 분수 모양의 활약은 좀 줄어들기는 하지만 문자를 빌려오면서 분수의 역할을 해내기 시작합니다.

다음은 유리수의 가족사진입니다.

- 유리수
  - 정수
    - 양의 정수 (자연수) : $+1,\ +2,\ +3 \cdots$
    - 0
    - 음의 정수 : $-1,\ -2,\ -3 \cdots$
  - 정수가 아닌 유리수 : $+\frac{1}{2},\ -\frac{2}{3},\ +0.1,\ -2.5 \cdots$

다음으로 유리수의 포함 관계를 가르쳐 드리겠습니다. 아이들이 헷갈려 할 수도 있는데요. 유리수의 촌수라고 보시면 될 것입니다.

하얀색 여백에서 아이들이 헷갈려하기도 합니다. 바로 정수가 아닌 유리수 지역으로 초등학생 출입 금지 지역입니다.

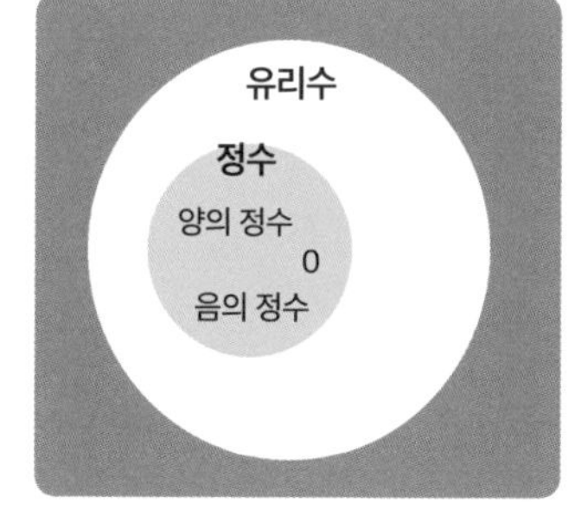

어떤 녀석들이 존재하냐면요.

$\frac{2}{3},\ -\frac{1}{2}$ 같이 약분이 된 상태에서 분모와 분자의 수를 지니고

있는 녀석입니다.

그럼 2 같은 녀석이 어째서 유리수라고 말할 수 있을까요? 그것은 2 역시 분수 형태로 모양을 만들 수 있기 때문입니다.

$$-2=-\frac{2}{1}$$

-2는 1분의 -2로 분수의 모양을 만들어 낼 수 있는 유전자를 지니고 있기 때문에 정수는 유리수의 가족입니다. 자연수도 유리수의 가족이며 0도 유리수의 가족입니다.

다음은 절댓값입니다. 초등학교에서는 절댓값이라는 말만 쓰지 않았지 두 점 사이의 거리라는 말 속에 이미 절댓값의 의미가 있었습니다.

중학생이 되면서 절댓값은 드디어 본색을 드러내기 시작합니다. 중학교까지는 그렇게 난폭하지 않아요. 하지만 고등학생이 되면서 절댓값은 방정식 또는 부등식과 손을 잡으며 포악한 정체를 드러내기 시작하지요. 조심해야 할 것이 바로 절댓값 기호입니다. 녀석은 문자를 머금으면서 성질을 부리기 시작하거든요.

정수와 유리수의 대소 관계 역시 초등학생 때부터 싹을 틔우기 시작하여 중학생 때 만개하게 됩니다. 이 녀석 때문에 수학은 초등수학 4학년부터라는 오해를 불러오기도 하지만 피지컬에 비해 별로 어렵지는 않습니다.

그 다음으로는 정수와 유리수의 덧셈인데요. 이것 역시 4학년 때 싹을 틔워 중학교에서 만개하는 녀석입니다.

분수 계산은 철저히 시켜야 합니다. 문자를 머금기 전에 기초를 다져 두는 것이 유리합니다. 정수와 유리수의 덧셈은 초등 수학과 중등 수학이 다 무대를 수직선 위에서 이루어지지만 살짝 차이나는 형태를 띠고 있습니다.

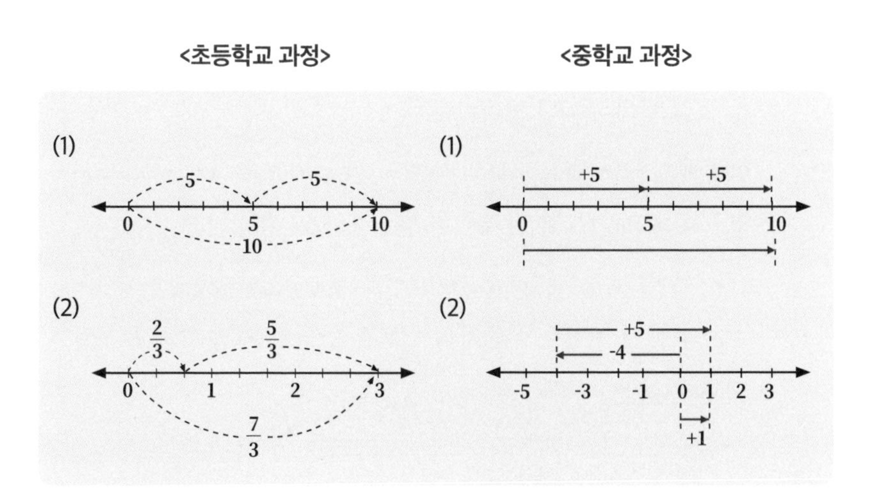

정수와 우리수의 뺄셈에서 초등 수학과 중학 수학이 확 차이가 납니다. 따라서 초등학생들은 다음과 같은 계산을 할 수 없습니다.

2-3

초등 수학은 음의 정수를 가족으로 맞이하지 않았기 때문입니다. 중학생이 되면 이 부분에 대한 혼돈을 정리하기 시작할 것입니다. 부호와 기호에 대한 정의를 잘 내려서 생각해야 하는 시기입니다.

다음으로 부호와 기호에 대해 말하도록 하겠습니다. 덧셈 부호와 양수 기호, 뺄셈 부호와 음수 기호는 모습은 똑같습니다. 기능의 차이는 약간 있지만 중학생이 되면 통합시켜 무시하면서 계산할 수 있는 힘이 생겨날 것입니다.

덧셈에는 교환 법칙과 결합 법칙이 있습니다. 역시 이것도 초등학생 때 배웁니다. 단 이 용어를 잘 쓰지 않을 뿐입니다.

간혹 한 번씩 보여 주는 문제집도 있는데 상관은 없다고 생각합니다. 이웃집 친절한 아줌마의 이름을 안다고 해서 손해 보는 것은 아니지 않습니까?

많이 기다리셨습니다. 문자와 방정식입니다. 초등학생일 때는 네모를 쓰고 중학생이 되면 x를 사용합니다. 녀석의 정체는 미지수, 변수 또는 모르는 것 또는 어떤 것입니다.

그런데 말입니다. 이 미지수들은 중학생이 되면 중간에 접착제처럼 붙여 ×, ÷기호를 생략하면서 사용합니다. 생략된 기호는 견출지처럼 떼었다 붙였다 할 수 있어요. 식의 값을 구할 때는 다시 ×, ÷를 복원해서 수를 대입해 주거든요, 예를 들어

$2\times x=2x$에서는 곱하기 기호를 생략하고 접착제처럼 붙여 놓습니다.

동류항과 문자식의 사칙 계산이라는 것도 있습니다. 초등 문장제 문제의 풀이 과정에 그냥 다뤄지면서 아이들이 곤란해 합니다. 이런 것을 심화라고 다루는 문제집도 있어요. 교육 과정을 모르고 출제된 문제라고 보면 됩니다. 그런데 흔히 저지르는 출판사들의 오류입니다.

중학생이 되면 이 부분을 체계화해서 가르칩니다. 문장제에서 진도를 놓친 우리 아이들은 이때 잡아도 늦지 않습니다.

간혹 초등 부분의 설명이 건너뛰어져 있기도 합니다. 헷갈려 하는 우등생이라도 동류항과 문자식의 사칙 계산이라는 중등 과정에서 체계적으로 공부시켜 주어도 늦지 않아요.

미지수를 네모로 두는 바람에 생기는 해프닝입니다. 한때는 네모 대신 바로 x를 도입하자는 말이 나오기도 했습니다. 최근의 일입니다.

문장제 활용 문제에서 아이들에게 이해시키기 힘든 영역은 대부분이 중등 수학과 연결되어 있습니다. 일단 용어 정의부터 되지 않아서 해설이 어려워진 것입니다.

방정식 부분의 활용은 거의 대부분이 이런 지역에 해당됩니다. 방정식은 거의 다가 미지수 x와 연관이 되어 있기 때문이지요.

02

초등 수학이 중학 수학으로 연결되는 2라운드

숨차게 달려왔습니다. 이제 좀 쉬었으니 제2라운드를 시작하도록 하겠습니다. 함수 역시 문장제 문제에서 숨어 있습니다. 지금은 초등 수학에서 함수를 직접 다룹니다. 살짝 용어에 대한 제한이 있기는 하지만 중등 함수와 연관이 되어 있기 때문에 잘 배워 두는 것이 중요합니다.

또한 초등 수학에서 함수의 개념을 잘 잡아 두면 중등 수학에서 훨씬 수월해집니다. 함수는 한 마디로 두 변수의 관계라고 보면 되는데요. 초등 수학에서 이것을 설명하기 위해서는 약간의 용어적 한계가 따릅니다. 그렇다면 중학 수학을 불러와서 혼합시켜 접근을 시도하는 것도 나쁘지 않을 것 같습니다.

어차피 이루어질 함수 공부이니까요. 어설프게 다루지 말고 본격적으로 접근하는 것도 하나의 방법이기는 합니다.

그런데 함수에서 말입니다. 구체적인 수는 바뀌더라도 두 수의 관계는 바뀌지 않을 때, 우리는 변하는 그 두 수들을 변수라고 합니다. 함수는 변수와의 관계를 나타내는데요. 바로 이 부분이 아이들이 힘들어하는 함수의 관계입니다.

초등 수학에서 수직선과 좌표가 나오면 이때다 하시면서 수학자 데카르트의 이야기를 읽혀 주세요. 좌표를 만든 수학자가 바로 데카르트입니다. 좌표는 중학 수학으로 연결되면서 고등 수학에서 더욱 확장되는 수학의 광개토대왕입니다. 반면에 초등 수학의 통계는 상대적으로 중학 수학과의 연결성이 약합니다.

도형 부분은 아이들이 흥미를 잃지 않도록 재미난 학습으로 유도해 주세요. 너무 깊이 있는 것은 오히려 좋지 않습니다. 중고등학생이 되면 어려워지기 때문에 미리 흥미를 떨어뜨리는 것은 좋은 학습이 아닙니다. 서서히 달려야 하는 부분이 바로 도형입니다. 공식을 유도하는 그런 재미난 부분을 발췌하여 지도하면 좋은 수학의 추억이 될 것입니다.

6학년 때는 문장제 문제를 통해 중학교 내신의 50%를 차지하는 서술형을 대비하여 쓰는 연습을 시켜야 합니다. 미리 연습을 해야 합니다. 중학생이 되어 연습하면 시간이 많이 부족할 수 있습니다.

수학은 말입니다. 연습, 연습, 또 연습입니다. 의미 있는 연습이 필요합니다. 개념을 이해하려고 하루를 꼬박 투자하느니 연습에 투자해야 합니다. 이제는 학습법을 바꿀 때가 왔습니다. 개념을 이해하는 수학에서 의미 있게 반복 연습하는 수학으로.

한 번 더 잔소리를 하겠습니다. 우리 아이들은 요리를 많이 먹고 즐거워야 하지, 그 요리가 어떻게 만들어지고 음식이 몸에 들어가서 어떠한 작용을 하는 것까지 이해하며 먹어야 한다면 소화 불량을 일으킬 것입니다. 수학을 이해하면서 더욱 발전시키는 것은 수학자들의 몫입니다.

아인슈타인 역시 물리학에서 수학이 나오면 자신의 아내에게 그 원리를 보여 달라고 해서 물리학을 해결했습니다.

아이들은 적용 방법을 잘 숙지해서 문제를 해결해 나가면 됩니다. 그게 학교 수학의 숙명입니다.

학교 수학을 어렵게 이해하도록 지도하지 마세요. 학교 수학을 이해하려면 저쪽 영역을 알아야 합니다. 하지만 그 영역은 학교 수학의 영역 밖입니다. 해결 과정이 아니라는 뜻이지요. 그 영역은 학문의 영역입니다. 엄밀히 말해서 학생들의 몫이 아닙니다.

학교 수학은 익숙해짐이 첫 번째입니다. 익숙해지면 친근해지고 그러면 자동으로 우리 아이는 성장하게 될 것입니다.

03

초등 수학에서 완전히 마스터해야 할 첫 번째

아이들을 가르치다가 다음 부분이 나오면 철저히 배우게 하세요.

문제

다음 분수를 소수로 나타낼 때, 소수점 아래 자릿수가 나머지 셋과 다른 하나를 찾아 쓰시오.

$$\frac{1}{4} \qquad \frac{1}{8} \qquad \frac{3}{20} \qquad \frac{7}{50}$$

일단 초등용 풀이를 보겠습니다.

$$\frac{1}{4}=\frac{1\times 25}{4\times 25}=\frac{25}{100}=0.25$$

$$\frac{1}{8}=\frac{1\times 125}{8\times 125}=\frac{125}{1000}=0.125$$

$$\frac{3}{20}=\frac{3\times 5}{20\times 5}=\frac{15}{100}=0.15$$

$$\frac{7}{50}=\frac{7\times 2}{50\times 2}=\frac{14}{100}=0.14$$

좀 이상한 형태이지만 소수 셋째 자리까지 나타난 형태를 찾는 문제네요. 그런데 말입니다. 분수를 소수로 나타내 보면 소수점 아래가 딱 떨어지는 경우와 그렇지 않은 형태가 있어요. 가령 예를 들어 보면 $\frac{5}{6}$ 같은 경우를 소수로 만들어 볼게요.

$$\frac{5}{6}=\frac{5}{2\times3}=0.8333\cdots$$

이렇게 소수점 아래가 딱 떨어지지 않고 계속 나아가는 모습이 됩니다. 분수는 소수를 만들 때 이렇게 딱 떨어지는 유형과 아닌 경우로 나누어집니다.

이런 유형은 중학생이 되었을 때 소인수분해를 만나면서 더욱 문제의 모습이 업그레이드되기 때문에 초등학생일 때 이 문제를 만나면 철저히 공부시키세요. 예를 들어 분수를 간단한 소수로 고칠 수 없는 분모는 분모가 2와 5의 곱으로만 나타낼 수 있어야 분수를 간단한 소수로 고칠 수 있습니다. 즉 분모가 2와 5의 곱이 아닌 3, 7, 11, 13, …의 곱이 있을 때에는 간단한 소수로 나타낼 수 없지요. 해결책을 알려 드릴게요.

$$\frac{1}{3}=0.3333\cdots,\ \frac{5}{6}=\frac{5}{2\times3}=0.8333\cdots,\ \frac{4}{7}=0.5714\cdots,$$

$$\frac{2}{9}=\frac{2}{3\times3}=0.2222\cdots,\ \frac{1}{11}=0.0909\cdots,\ \frac{5}{13}=0.3846\cdots$$

세 수의 혼합계산이 나오면 눈여겨보아야 합니다. 문제를 한 번 볼게요.

$$\frac{5}{8}\times 3\div 6$$

이것은 중학생이 되면서 문자를 도입하게 됩니다. 그래서 이것에 대한 기본 계산방식을 철저히 숙지해야 합니다. 여러 가지 방법이 있으니 같이 살펴보도록 합니다.

$$\frac{5}{8}\times 3\div 6=\frac{15}{8}\div 6=\frac{15}{8\times 6}$$

여기서 약분을 시도하면 $\frac{5}{16}$가 나오죠. 다른 방식은 $\frac{5}{8}\times 3\div 6=\frac{5\times 3}{8\times 6}$로 곱하기는 분자로 옮겨 주고 나누기는 분모에 곱해지는 방식입니다. 둘 다 자유자재로 다룰 수 있어야 합니다.

다른 형태의 문제를 하나 더 살펴볼게요.

$$1\frac{7}{8}\div 3\div 5$$

첫 번째는 $1\frac{7}{8}\div 3\div 5=\frac{15}{8\times 3}\div 5=\frac{5}{8\times 5}=\frac{1}{8}$로 나누기 뒤의 수들이 차례로 분모로 들어가 곱해지는 풀이 방식입니다.

두 번째는 $1\frac{7}{8}\div 3\div 5=\frac{15}{8}\div 3\div 5=\frac{15}{8\times 3\times 5}=\frac{1}{8}$ 처럼 한꺼번에 몰아쳐서 계산하는 방식으로 중학생이 되면 이 방식을 더 선

호합니다. 그림으로 도식화시켜 보겠습니다.

$$\frac{◆}{★} \div ▲ \times ● = \frac{◆}{★ \times ▲} \times ● = \frac{◆ \times ●}{★ \times ▲}$$

$$\frac{◆}{★} \times ▲ \div ● = \frac{◆ \times ▲}{★} \div ● = \frac{◆ \times ▲}{★ \times ●}$$

$$\frac{◆}{★} \div ▲ \div ● = \frac{◆}{★ \times ▲} \div ● = \frac{◆}{★ \times ▲ \times ●}$$

나누기 뒤의 수와 곱하기 뒤의 수가 분모로 가는지 분자로 가는지 그 규칙성을 잘 알아 두어야 합니다. 이런 생각을 하면서 다시 규칙성을 살펴보세요.

가끔 학교에서 난이도 조절 실패로 경시 문제가 나오기도 합니다. 하지만 경시 문제는 결국 고등학교 수학 문제에서 끌어 온 것입니다. 한번 보시겠습니다.

문제

나 = 가 + 1일 때, $\frac{1}{가 \times 나} = \frac{1}{가} - \frac{1}{나}$ **을 이용하여 다음을 계산하였더니 기약분수** $\frac{ㄴ}{ㄱ}$ **이 되었습니다. ㄱ과 ㄴ의 합을 구하시오.**

$$\left(\frac{1}{20} + \frac{1}{30} + \frac{1}{42} + \cdots + \frac{1}{132} + \frac{1}{156} + \frac{1}{182}\right) \div 5$$

고등학생이 되었을 때 부분분수라는 단원에 나오는 문제인데요. 단지 그 용어를 쓰지 않고 푸는 방식의 일부를 보여 주고 해결 하도록 만든 문제입니다. 풀이 한번 보실게요.

풀이

분모를 연속한 두 자연수의 곱으로 나타내면

$20=4\times5,\ 30=5\times6,\ 42=6\times7,\ \cdots,\ 132=11\times12,\ 156=12\times13,$

$182=13\times14$ **이므로**

$$\left(\frac{1}{4\cdot5}+\frac{1}{5\cdot6}+\frac{1}{6\cdot7}+\cdots+\frac{1}{11\cdot12}+\frac{1}{12\cdot13}+\frac{1}{13\cdot14}\right)\div5$$

$$=\left\{\left(\frac{1}{4}-\frac{1}{5}\right)+\left(\frac{1}{5}-\frac{1}{6}\right)+\left(\frac{1}{6}-\frac{1}{7}\right)+\cdots+\left(\frac{1}{11}-\frac{1}{12}\right)+\left(\frac{1}{12}-\frac{1}{13}\right)+\left(\frac{1}{13}-\frac{1}{14}\right)\right\}\div5$$

$$=\left(\frac{1}{4}-\frac{1}{14}\right)\div5=\left(\frac{7}{28}-\frac{2}{28}\right)\div5=\frac{5}{28\times5}=\frac{1}{28}$$

이를 고등 수학에서 나오는 부분분수의 꼴로 나타내면 다음과 같습니다.

$$\begin{aligned}\frac{1}{AB}&=\frac{1}{AB}\times\frac{B-A}{B-A}\\&=\frac{1}{B-A}\times\frac{B-A}{AB}\quad(\because\ \text{분모 바꾸기})\\&=\frac{1}{B-A}\left(\frac{B}{AB}-\frac{A}{AB}\right)\quad(\therefore\ \text{분모 나누기})\\&=\frac{1}{B-A}\left(\frac{1}{A}-\frac{1}{B}\right)\quad(\because\ \text{약분})\end{aligned}$$

이 녀석의 특징은 가운데 마이너스가 작용하여 서로 연속되는 분수들을 지워 나갑니다. 너무 깊이 알려고 하지 마세요. 다칩니다. 고등학생이 되면 자동으로 맛보게 됩니다.

다음 문제 역시 중학교 거속시 문제로 연결되는 문제입니다. 거속시 문제란 거리 = 속력 × 시간에 관한 문제입니다.

문제

한 시간에 80km씩 달리는 기차가 있습니다. 이 기차가 같은 빠르기로 2시간 30분 동안 달린다면 몇 km를 달릴 수 있습니까?

생각해보기

전체 달린 거리는 한 시간에 달리는 거리와 걸린 시간의 곱으로 구할 수 있습니다.

(거리) = (빠르기) × (시간)

풀이

2시간 30분 = $2\frac{30}{60}=2\frac{5}{10}$ **소수로 고치면 2.5시간**

(달린 거리) = (한 시간 동안 달리는 거리) × (걸린 시간)

80×2.5 = 죄송해요. 답은 생략합니다.

기호를 변형시킨 약속에 대한 문제도 잘 나옵니다.

문제

가△나를 다음과 같이 약속할 때, □안에 알맞은 수를 구하시오.

가△나 = 가×가+나−1

3△5 = **?**

이상해요. 이 문제는 그냥 따라 하기만 하면 되는데 많은 학생들이 이 문제를 잘 틀립니다. 왜 그런지 우리 자녀들에게 물어 보고 의논을 해 보도록 합니다.

04

초등 수학에서 완전히 마스터해야 할 두 번째

이제 도형이 있는 문제도 보실게요.

문제

그림과 같이 크기가 같은 마름모 3개를 겹쳐놓은 도형의 둘레를 재어보니 40cm이었습니다. 마름모의 한 변의 길이는 몇 cm입니까?

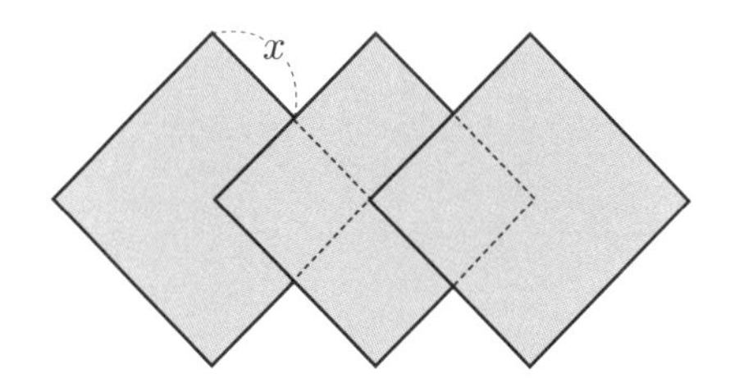

이 문제는 도형만 고스란히 중학교 교과서로 옮겨 갑니다. 그

래서 방정식을 만나게 되지요. 이 문제를 풀기 위한 팁을 드릴게요. 우선 똑같은 마름모 여러 개를 그림과 같이 일정하게 포개어 놓으면 x의 길이는 마름모의 한 변의 길이의 반과 같습니다. 초등 문제에서는 ㄱ이라고 두지만 중학생이 되면 x라 두면서 방정식을 불러 오게 됩니다.

이제 풀어 볼게요. 마름모는 네 변의 길이가 같고, 도형의 둘레는 마름모의 한 변의 길이의 8배와 같습니다. 따라서 마름모의 한 변의 길이는 $40 \div 8 = 5$(㎝)입니다.

초등학생일 때 방정식을 문자로 등장시키기 곤란하니까 이런 형태의 문제를 만들더라고요. 보시죠.

문제

다음 조건을 만족하는 두 수 가, 나를 각각 구하시오.

가+나 = 30
가÷나 = 10

중학생이 되면 가는 x가 되고 나는 y가 될 것입니다. 딱 그 차이입니다. 초등학생일 때는 가감법이나 대입법이라는 말을 쓰지 않고 그냥 풀어내요. 쉬쉬하면서 말입니다.

주요 용어

가감법

연립일차방정식을 푸는 방법의 하나. 두 방정식의 양변에 적당한 수를 곱하여 하나의 미지수의 계수를 같게 하고, 두 식의 각각의 양변을 더하거나 빼거나 하여 그 미지수를 소거하여 최종적으로 일원일차방정식을 유도하여 푸는 방법. 가감소거법.

대입법

연립방정식에서 하나의 미지수를 다른 미지수로 나타내어 그것을 다른 식에 대입하여 푸는 방정식 해법.

문제

$\begin{cases} x+2y=10 \\ x-3y=5 \end{cases}$ 의 해를 구하여라.

풀이

$$\begin{array}{rr} & x+2y=10 \\ -) & x-3y=5 \\ \hline & 5y=5 \end{array}$$

따라서 $y=1$

식 $x+2y=10$ 에 대입하면

$x+2=10,\ x=8$

답 $x=8,\ y=1$

중학교로 올라가면 이렇게 발전된 모습으로 변하게 됩니다.

물건 가격에 대한 문제 역시 초등학생 때 맛보이다가 중학생이 되면 본격적으로 모습의 틀을 갖추면 재등장합니다.

문제

문방구에서 원가가 3600원인 물건을 5% 의 이익을 붙여 정가를 정해 팔았습니다. 이 물건의 정가는 얼마입니까?

주인에게 물어보면 될 것을 계산해 내는 것을 보면 역시 수학은 딱딱한 과목입니다. 일단 식 하나 알아 두고 접근할게요.

풀이

(이익) = (원가)×(비율)

(정가) = (원가)+(이익)

계산은 직접 하지 않겠습니다. 이런 문제를 보시면 탁 잡아서 철저히 알아 두도록 시키세요. 가격과 비율에 대한 문제는 반드시 알아 두면 좋습니다.

이런 형태의 도형에 대한 문제도 기억해야 합니다. 문제 하나

하나를 소중히 여기면 반드시 좋은 결과를 가져옵니다. 유형을 알자는 뜻입니다.

문제

아래 그림과 같이 가로가 10cm, 세로가 5cm인 직사각형이 있습니다. 가로는 40% 늘이고 세로는 50% 줄인다면 처음 직사각형의 넓이보다 몇 % 줄어들겠습니까?

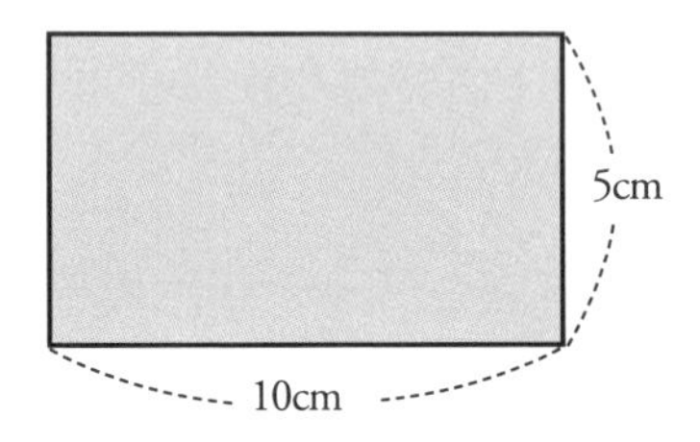

만약 이 문제를 우리 학생이 선행을 원한다면 미지수를 사용한 다음 방정식을 이용하여 풀어내도록 유도해 주세요. 이 문제는 초등용 풀이보다는 오히려 중학 방정식을 사용하는 것이 더 쉽게 해결이 됩니다.

초등용 풀이를 씀으로써 이 문제에 대한 어렵다는 내용이 머리에 각인되면 중학생이 되어서도 고전을 면치 못하게 됩니다.

우리가 일상생활에서 톱니바퀴를 자전거 체인을 통해 보게 되어서 그런지 톱니바퀴 문제도 자주 등장합니다.

문제

맞물려 돌아가는 두 톱니바퀴가 있습니다. 가 톱니바퀴가 3바퀴 도는 동안 나 톱니바퀴는 5바퀴 돕니다. 가 톱니바퀴가 51바퀴 도는 동안에 나 톱니바퀴는 몇 바퀴 돌게 됩니까?

이 문제는 비례식으로 풀어내는 활용 문제입니다. 나중에는 최소공배수를 만나면서 문제의 확장성을 보장받게 되지요.

비례배분의 활용 문제 역시 중고등학생의 문제 속에 하나의 과정으로 등장하게 됩니다. 이것에 대한 기초지식이 잘 준비되어 있지 않은 학생은 좀 어려운 과정을 겪을 수도 있습니다. 원기둥과 원에 대한 문제도 상당히 중요하지만 π를 만나게 되면서 약간은 학생들에게 유리한 상황이 될 것입니다.

다음으로 정비례와 반비례 단원입니다. 이 단원처럼 이동이 많은 단원도 없는 것 같습니다.

초등 때 함수에 대한 개념을 잡고 와야 한다면서 언제는 내려왔다가 언제는 초등 수학에는 과하다면서 중등부로 올려 보내곤 했지요. 갈피를 못 잡는 듯하지만 지금은 다시 초등학교로 내려왔습니다. 어디에 있든지 이 단원은 중요합니다.

두 수 사이의 대응관계가 정비례인 경우도 있고 반비례인 경우도 있습니다. 딱 2종류입니다.

두 수의 관계식이란 말 역시 이것을 나타내는 말입니다.

문제

표를 완성하고, x와 y사이의 대응 관계를 식으로 나타내어 보시오.

x	11	12	13	14	15
y	15	16	17	18	19

이렇게 x와 y사이의 관계식이 나중에 함수라는 말을 듣고 나올 겁니다.

주요 용어

정비례 (x와 y는 정비례한다.)

두 양 x, y에서 x가 2배, 3배, 4배…로 변함에 따라
y도 2배, 3배, 4배…로 변하는 관계

반비례 (x와 y는 반비례한다.)

두 양 x, y에서 x가 2배, 3배, 4배…로 변함에 따라
y도 $\frac{1}{2}$배, $\frac{1}{3}$배, $\frac{1}{4}$배, …로 변하는 관계

반비례란 반대를 말하는 것이 아니라 역수에 비례한다고 가르쳐야 합니다. 요건 약간의 설명이 필요하므로 표를 한번 보고 가실게요.

x	1	2	3	4	6	12	24
y	24	12	8	6	4	2	1

표를 잘 보세요. x와 y를 곱하면 일정한 값이 됩니다.

$1 \times 24 = 24$, $2 \times 12 = 24$, $3 \times 8 = 24$

그렇습니다. 반비례 함수의 역수비례라고 볼 수 있어요. 곱의 값이 일정한 함수입니다.

초등 수학에서 중요하게 다루는 단원 중 하나는 맨 마지막 단원을 장식하면서 학생들을 괴롭히는 여러 가지 문제 단원입니다.

여기에는 다양한 문제들이 섞여 있는데요. 경시 문제보다는 차라리 이 단원을 학년별로 모아서 연습을 많이 시켜 보세요. 수학의 힘이 길러질 것입니다.

정육면체와 직육면체의 겉넓이와 부피는 중학교 1학년 수학 2학기와 연결이 됩니다. 어렵지 않지만 그대로 연결이 되어서 이야기 해 드리는 것입니다. 아, 계산이 언제나 좀 복잡합니다.

05

중학 수학에서 마스터해야 할 부분

지금부터는 만약 선행을 한다면 가장 필요한 중학 수학의 부분을 알려 드리겠습니다. 어떻게 아냐고요? 제가 초등, 중등, 고등 수학책을 다 집필하였고 그 과정에서 아이들이 잘 틀리는 부분과 학교에서 잘 출제되는 문제를 분석하였기 때문입니다. 학교에 따라 약간의 차이는 있겠지만 거의 비슷합니다. 자, 지금부터 진검승부를 벌일 내용들을 중학교 1학년부터 알려 드리겠습니다.

1. 소인수분해

소인수분해는 1보다 큰 자연수를 소인수(소수인 인수)들만의 곱으로 나타내는 것 또는 합성수를 소수의 곱으로 나타내는 방법을 말합니다.

(예) 60의 소인수분해

$$2\,)\,60$$ ← 60을 나누어떨어지게 할 수 있는 수 중 가장 작은 소수인 2로 나눈다.

$$2\,)\,30$$ ← 30을 나누어떨어지게 할 수 있는 수 중 가장 작은 소수인 2로 나눈다.

$$3\,)\,15$$ ← 15를 나누어떨어지게 할 수 있는 수 중 가장 작은 소수인 3으로 나눈다.

$$5$$ ← -5 자체가 소수이므로 나눗셈 종료

왼쪽의 나눈 소수와 마지막으로 남은 소수를 모두 곱하면 소인수분해 완성

$$60 = 2^2 \times 3 \times 5$$

해당 예시에서 맨 아랫줄의 공식은 소인수분해의 결과를 거듭제곱한 꼴로 나타내었습니다. 소인수분해를 하라고 하면 거듭제곱의 꼴로 나타내는 것이 마지막 장면이죠. 소인수분해를 이용한 약수와 약수의 개수 구하기는 고등학생 때 다시 등장하므로 이것은 기초지식이라 생각하시고 알아 두세요.

신기한 것은 초등학생 때의 최대공약수와 최소공배수를 구하는 방법을 뛰어넘어 소인수분해를 통해 구해 내는 것이 등장한다는 것입니다. 비교해 볼까요?

먼저 초등학교 버전입니다.

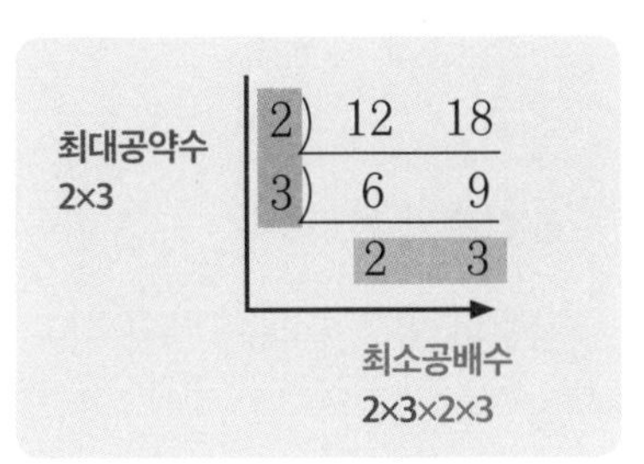

다음은 중학교 버전입니다.

$$60 = 2^2 \times 3 \times 5$$
$$48 = 2^4 \times 3$$
$$\text{최대공약수} = 2^2 \times 3$$

↘ ↙

공통인 것 중 지수가 작은 것

$$60 = 2^2 \times 3 \times 5$$
$$48 = 2^4 \times 3$$
$$\text{최소공배수} = 2^4 \times 3 \times 5$$

↘ ↙

공통인 것 중 지수가 큰 것
공통 아닌 건 전부 다

소인수분해를 통해 구하는 방법은 실수가 없습니다. 그래서 초등학생이 이 방법을 접하게 되면 자꾸 자신이 배워 온 초등학교 버전으로 풀어내려고 합니다. 누구나 새로운 방법은 부담스럽거든요. 하지만 숙달이 될 때까지 연습을 시켜야 합니다.

2. 정수와 유리수

정수와 유리수라는 단원에서 우리는 드디어 음의 부호마이너스를 만나게 됩니다. 초등학생일 때 어렴풋이 들어왔던 녀석입니다. 이 단원에서 중요한 것은 곱셈에서의 부호 결정이 구구단처럼 필수 암기사항이란 사실입니다.

$(-)\times(-)=(+)$ 마이너스×마이너스=플러스 → 마마플
$(+)\times(+)=(+)$ → 플플플
$(-)\times(+)=(-)$ → 마플마
$(+)\times(-)=(-)$ → 플마마

바로 이 녀석인데요. 나누기에서도 똑같은 방식으로 부호를 결정합니다. 그리고 이런 기술들이 장착되면 덧셈, 뺄셈, 곱셈, 나눗셈의 혼합계산에서 한 차례 홍역을 치르게 될 것이지만 여기서 배운 기술은 고등학교에서도 밑거름이 될 것입니다.

3. 문자의 사용

문자를 사용하면서 곱셈과 나눗셈 기호를 생략할 수 있는 힘을 지니게 됩니다.

(1) 곱셈 기호의 생략

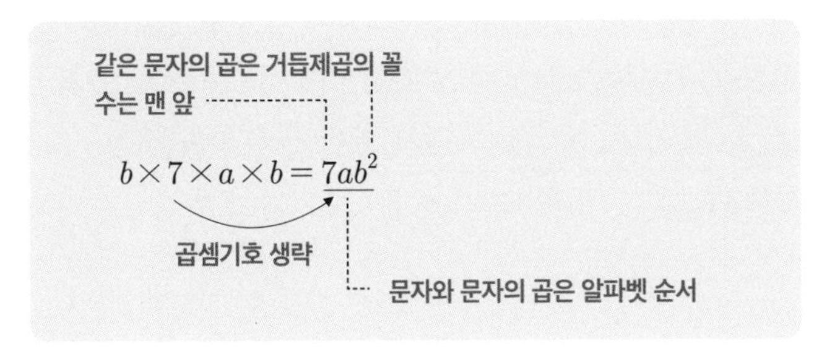

(2) 나눗셈 기호의 생략

$$a \div b = \frac{a}{b}$$

나눗셈 기호를 생략한 분수의 꼴로 마치 교육현장처럼 많은 암기사항들이 존재합니다. 차근차근 예를 들어가면서 암기해 내는 수밖에 없어요.

4. 일차식과 그 계산

문자가 생기면서 항의 구분이 생겨나고 차수가 생기고 연쇄적으로 계수도 나타나는데요. 그 문자는 진화하면서 일차식을 만들어 냅니다. 녀석의 모습이 궁금하군요.

x의 계수　y의 계수　상수항

$$7x - 3y + 5 = 7x + (-3y) + 5$$

항

녀석의 모습을 잘 살펴보면 문자의 차수가 보이지 않습니다. x 위에 조그마한 수가 보이지 않지요? 아무것도 없으면 그게 바로 일차입니다. 문자라는 녀석은 이차부터 모습을 드러내는 특이한 성질이 있거든요.

x의 일차의 모습은 x, 하지만 이차부터는 x^2이 됩니다. 문자 위의 작은 덩치의 수는 차수라고 부릅니다. 녀석이 식의 이름을 결정짓지요. 일차식, 이차식 이렇게 불리면서요.

일차식과 수가 만나서 곱셈과 나눗셈의 계산을 하게 되는데요. 이때부터 학생들의 머리에서는 김이 나기 시작합니다.

수학을 공부하고 있는 내 아이의 머리에서 김이 모락모락 올라온다면 '아, 일차식과 수의 곱셈, 나눗셈을 하는구나.' 하고 생각하면 됩니다. 어떤 계산인지 구경 좀 해 볼까요?

일차식과 수의 곱셈과 나눗셈

(일차식)×(수) : 분배법칙을 이용하여 계산한다.

(일차식)÷(수) : 곱셈으로 바꾸어 계산한다.

예 $(2x-3)\div 2=(2x-3)\times\frac{1}{2}=2x\times\frac{1}{2}-3\times\boxed{\frac{1}{2}}=x-\boxed{\frac{3}{2}}$

요런 식의 계산인데 계산과정에 잔손질이 많이 가는 녀석입니다. 그런데 말입니다. 팁을 하나 드리자면 일차식이란 녀석은 오랜 시간을 지니고 있으면 진화 과정까지 거칩니다. 보실게요.

예 $(x+2)\times 3=x\times 3+2\times\boxed{3}=\boxed{3x}+6$

명칭	수식
일차식	$ax+b$
일차방정식	$ax+b=0$
일차부등식	$ax+b>0, ax+b\geq 0,$ $ax+b>0, ax+b\geq 0$
일차함수	$y=ax+b, f(x)=ax+b$

일차식에 등호(=)가 장착되면 일차방정식으로 변신합니다. 그러면서 x의 값을 찾아내지요. 그리고 일차방정식에서 유통기한이 지났을 때 등호를 떼고 부등호를 장착하면 일차부등식이 됩니다. 다시 세월이 흘러 부등호마저 버리고 y로 대체하면서 자리까지 옮기면 일차함수가 되고요.

출발은 일차식이었습니다. 그들이 변한 것이 맞습니다. 이렇게 변하는 과정에서 근을 갖기도 하고 해를 지니기도 하면서 x에 대응된 y값도 지니게 됩니다.

식이 변하면서 해의 모습도 변해 갑니다. 그렇게 고등 수학으로 접어들게 되지요. 일차방정식의 풀이만큼 중요한 부분도 없어요. 이게 되지 않으면 더 이상 고등 수학으로의 발전은 없을 것입니다.

무조건 많이 풀려서 감을 터득하게 해 주세요. 여기서 밀리면 계산 과정에서의 승산은 없습니다.

진정 수포자의 갈림길이 되는 단원입니다. 방정식 풀이만큼은 철저한 지도가 필요합니다. 중학생이 되면 정비례와 반비례에 대해 좀 더 심도 있게 배우게 됩니다. 잘 해 두어야 합니다. 이것이 고등학생이 되면 분수함수로 변하면서 이동을 감행하니까요.

5. 도형

중학생이 되면 선에 대해서는 새로운 기호와 함께 배우게 될 건데요. 직선, 반직선, 선분이 바로 그것입니다.

우선 $\overleftrightarrow{AB}$ 는 직선 AB입니다. 그리고 $\overrightarrow{AB}$ 는 반직선인데 우린 이 반직선을 조심해야 합니다. 앞쪽 A는 시작점을 나타내고 뒤쪽 B는 방향을 나타내죠. A에서 출발하여 B 방향으로 뻗어간다는 기호입니다. 반직선은 수직선에서 자신들의 움직임의 특징을 나타내는데요. 선분 AB는 그 길이만큼 끊어진 선입니다.

삼각형에서는 대변, 대각이라는 새로운 용어가 첨가됩니다. 삼각형의 작도는 수행평가 문제로 자주 등장하는 단원이며 자기 학교 교과서 중심의 풀이가 필요합니다. 자신의 교과서에 나온 방식이 바로 채점기준이 되기 때문이거든요.

우리가 외워야 할 공식들도 등장하는데요. 다각형의 대각선 개수가 바로 그것입니다. 다음은 꼭 외워 두세요.

주요 용어

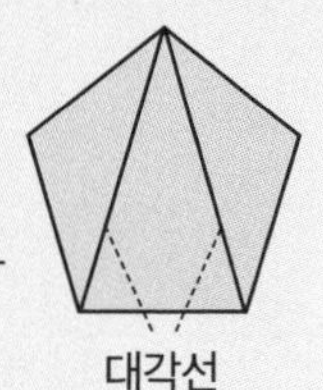

대각선

다각형에서 서로 이웃하지 않는 두 꼭짓점을 이은 선분

대각선의 개수

n각형의 한 꼭짓점에서 그을 수 있는 대각선의 개수 → (n-3)개

n각형의 대각선의 개수 → $\frac{n(n-3)}{2}$ 개

정다각형의 한 내각과 한 외각의 크기 역시 암기하는 방법 외에는 별다른 방법이 없습니다.

(정다각형의 한 내각의 크기) $= \frac{180° \times (n-2)}{n}$

예 정오각형의 한 내각의 크기는 $\frac{180° \times (5-2)}{5} = 108°$

(정다각형의 한 외각의 크기) $= \frac{360°}{n}$

예 정오각형의 한 외각의 크기는 $\frac{360°}{5} = 72°$

이 공식은 수능까지 가져갈 수 있으니까 싫어도 외워 두세요. 180°는 삼각형 내각의 합이라는 점을 알려주면 외울 때 약간은 도움이 될까요?

6. 중심각의 크기와 호의 길이, 부채꼴의 넓이 사이의 관계

일단은 학생들이 호와 현을 헷갈려합니다. 호는 곡선의 모양을 띄고요. 현은 직선입니다. 그림으로 보여 줄게요.

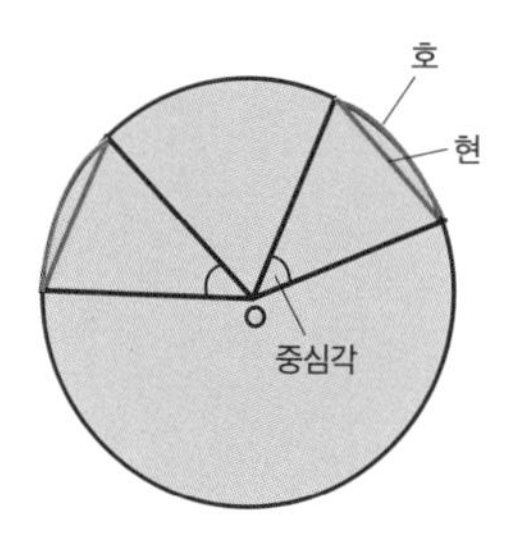

그렇습니다. 같은 중심각에 대해 호와 현은 거의 비슷한 위치에 있어요. 하지만 현은 직선을 나타내고 호는 곡선입니다. 잘 구분하세요.

여기서 파생되는 관계에 주목해야 합니다. 호는 중심각의 크기에 비례하지만 현은 중심각의 크기에 비례하지 않습니다. 역시 그림으로 보실게요.

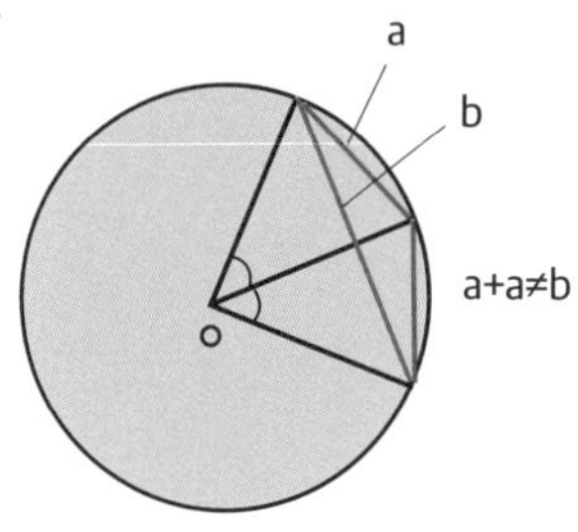

그림에서 보듯이 구부러진 호는 중심각의 크기가 2배로 늘어나면 호도 2배로 늘어나지만 현은 직선이기 때문에 중심각이 2배

로 늘어나더라도 직선으로 연결되면서 오히려 길이가 더 줄어듭니다.

왠지 시험이 출제할 것 같은 느낌이 드시지요? 예상은 빗나가지 않습니다. 호의 길이를 포함하고 있는 부채꼴의 넓이 역시 중심각의 크기에 정비례합니다.

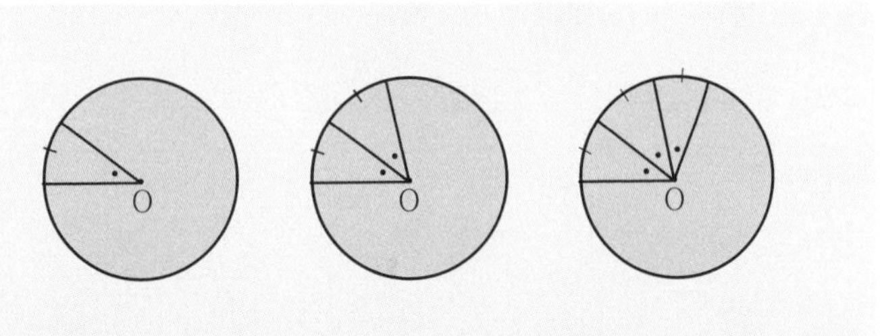

중심각의 크기가 2배, 3배, 4배 …가 되면 호의 길이와 부채꼴의 넓이도 각각 2배, 3배, 4배 …가 된다. 따라서 호의 길이와 부채꼴의 넓이는 각각 중심각의 크기에 정비례한다.

이 부분 역시 고등 수학에 스며들어 가게 됩니다. 고등학생이 되면 따로 설명해 주지 않기 때문에 기초가 부족하다며 질책하는 그 부분이죠.

7. 부채꼴의 호의 길이와 넓이

중학교 시절 문자를 만나서 완성된 식을 고등학교까지 끌고 가는 공식들입니다.

반지름의 길이가 r, 중심각의 크기가 $x°$인 부채꼴의 호의 길이를 l, 넓이를 S라고 하면

$$l = 2\pi r \times \frac{x}{360}$$

$$S = \pi r^2 \times \frac{x}{360}$$

다음은 부채꼴의 호의 길이와 넓이 사이의 관계입니다. 이 녀석도 고등학생이 되면 무지 활약하는 녀석입니다.

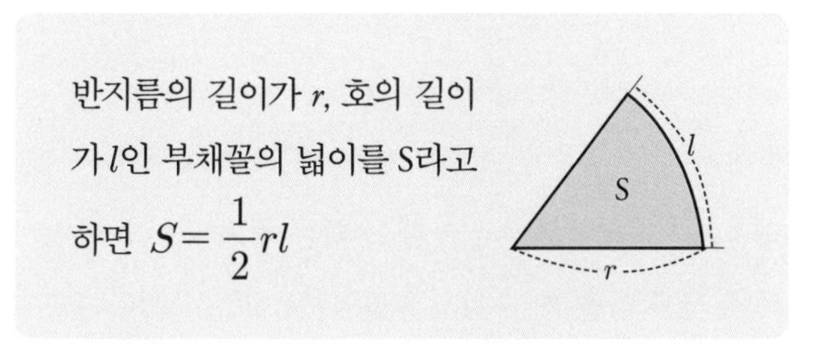

어떤 녀석들이 중요한지 서서히 윤곽이 잡혀 갑니다.

8. 유리수와 순환소수

중학생이 되어도 분수와 소수의 관계는 계속됩니다. 단 그 모습이 좀 더 자세한 상황으로 접어들죠. 그런데 말입니다. $\frac{2}{3}$라는 분

수를 소수로 만들 때 한 번씩 깜빡하는 내용이 바로 분자 나누기 분모라는 것입니다. 이 부분을 깜빡하는 친구들이 많은데 그중에는 고등학생도 있어요.

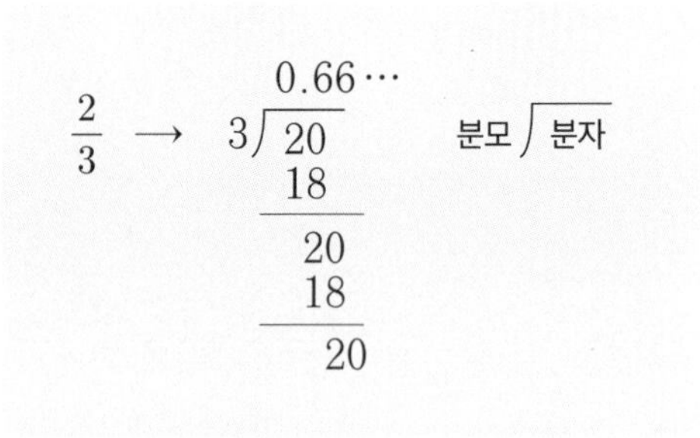

$$\frac{2}{3} \rightarrow \begin{array}{r} 0.66\cdots \\ 3\overline{)\,20} \\ \underline{18} \\ 20 \\ \underline{18} \\ 20 \end{array} \qquad \text{분모}\overline{)\,\text{분자}}$$

당연하다고 생각할 수 있지만 이런 자그마한 누수가 학생들을 수포자의 늪으로 끌어당길 수 있어요.

중학생이 되면 분수를 소수로 만들 때 두 가지 유형이 있다는 것을 배우게 됩니다. 초등생일 때도 가끔 봤던 녀석인데요. 소수점 아래에 끝이 있을 때도 있고 없을 때도 있는 녀석입니다. 그리고 이것을 찾을 수 있도록 하는 소인수분해를 배우게 됩니다.

특히 기약분수 상태에서 분모의 소인수분해를 하는데요. 소인수분해된 분모의 모습에서 소인수로 2나 5 이외의 소수가 나오면 소수점 아래가 딱 떨어지지 않게 됩니다. 두 개의 감추어진 분수의 모습을 비교해 보도록 하겠습니다.

여기 $\frac{13}{20}$과 $\frac{27}{42}$이 있습니다. $\frac{13}{20}$은 기약분수 상태이므로 바로

분모의 소인수분해를 실시해도 됩니다.

$$20 = 2^2 \times 5$$

여기서 작은 수 2를 빼고 아래의, 즉 밑의 수인 2와 5가 소인수입니다. 이렇게 소인수가 2나 5뿐이라면 이 분수는 소수점 아래에 끝이 있는 분수입니다. 보시죠. $\frac{13}{20} = 0.65$ 가 됩니다.

이제 $\frac{27}{42}$ 을 보겠습니다. 분모를 소인수분해하기 전에 우선 더 이상 약분이 되지 않는지 확인을 해보겠습니다.

$$\frac{27}{42} = \frac{9}{14}$$

약분이 되네요. 이제 더 이상 약분이 되지 않음을 확인하고 분모인 14의 소인수분해를 하겠습니다.

$$14 = 2 \times 7$$

윽, 여기서 7이라는 불순물 같은 소인수가 보입니다. 그렇게 되면 $\frac{27}{42}$ 은 직접 나누어 보지 않더라도 소수점 아래가 떨어지지 않습니다. 여러분들을 위해 직접 확인해 보겠습니다.

$$\frac{27}{42}=0.675\cdots$$

여기서 중학 수학의 모든 것을 다 다루진 않겠습니다. 너무 많은 선행은 오히려 독이 될 수 있습니다.

06

점점 강화되는 서술형 준비하기

초등학교 중에서 서술형을 시행하는 학교는 그렇게 많지 않을 것입니다. 왜냐면 서술형을 내기 마땅한 문제도 없을 뿐더러 채점의 기준도 오락가락하기 때문입니다.

하지만 중학생이 되면 서술형은 여지없이 40% 이상을 차지하게 됩니다. 객관식을 다 맞춘다 하여도 서술형에서 득점을 하지 않으면 좋은 성적은 결코 이루어지지 않습니다. 서술형은 우리가 넘어야 할 산입니다.

중학생이 되어 준비해야 할 서술형 문제의 대비책을 말씀드리도록 하겠습니다. 그 해답은 교과서에 있습니다. 왜냐면 선생님이 출제한 서술형 문제는 교과서에서 출제됩니다. 채점기준을 일관성 있도록 하기 위해서입니다.

다른 참고서나 문제집에서 낸다면 채점기준이 약간씩 다를 수 있기 때문에 애매한 상황이 벌어지지요. 그래서 서술형 출제는 문제의 소지를 없애기 위해 선생님들이 교과서 풀이에 준하여 주로 출제하십니다.

범위를 좀 더 좁혀 보면 교과서 풀이가 훤히 드러나 있는 예제 문제를 주로 다룹니다. 그래서 말입니다. 그 풀이 방법을 쓰는 연습을 많이 해야 합니다. 한두 번 쓸 수 있다고 긴장된 시험의 상태에서 써내려갈 수는 없습니다.

다 아는 것 같아도 막상 쓰려고 하면 여간 쉬운 일이 아닙니다. 알고 있는 것과 쓰는 것은 전혀 다릅니다. 계속해서 막힘없이 써질 때까지 연습해야 합니다.

앞에서도 이야기했듯이 학교 수학은 이해하기보다는 암기해야 하는 것입니다. 풀이과정이 익숙해질 때까지 암기하는 수밖에 없습니다.

인수분해가 되는 것을 이해하기보다는 인수분해의 구조적인 장면을 잘 익혀서 활용해야 합니다. 인수분해를 이해한다는 것은 지나친 이해심입니다.

수학은 반드시 이해해야 한다고 주장하시는 분들에게 말씀드립니다. 수학의 이해는 문학과 대화의 이해와는 또 다른 관점입니다. 소설처럼 공감하는 이해와는 다른 것입니다.

감성에 대한 이해가 아니라 과정에 대한 이해를 말하는 것이 수학입니다. 이런 이해를 마치 문학의 이해처럼 말씀하시는 분들은 무슨 생각인지 모르겠습니다. 너무 비효율적이라는 뜻입니다.

그래서 서술형 문제를 지도할 때는 이해보다는 익숙해지도록 연습을 시켜야 합니다. 이해한 후 알게 되는 것이 아니라 익숙해지면서 자연히 자신의 머리에 이해되도록 말이죠.

자꾸 처음부터 이해하라고 아이들에게 강요한다면 그렇게 입는 데미지로 인해 이해가 안 되는 아이들은 자신이 수학 머리가 없다면서 포기하게 될 것입니다.

이제 방법을 반대로 해 보세요. 익숙하게 만든 후 자연히 이해가 되도록 말입니다. 자신의 이해 방식으로 말이죠.

서술형 문제의 접근 방법도 이와 다르지 않습니다. 한두 번 그냥 씁니다. 그렇게 더 연습하다 보면 익숙해지게 됩니다.

그 후 자신의 이해가 발전하면서 좀 더 현명한 방법이 생겨나게 됩니다. 익숙함에서 자신만의 이해력이 터득되는 것이지요.

아이마다 이해하는 방법은 다 다릅니다. 아이마다 다른 이해 방식을 한 가지 방법으로 통일을 시키려고 하니 문제가 생기는 것입니다. 그러니 다 같이 익숙해지도록 암기시킨 후 자신 스스로 이해하도록 유도해 주세요. 이것이 서술형 문제를 대하는 자세입니다.

이제 어떻게 출제되는지 좀 더 알아보도록 합시다. 어떻게 출제되는지도 중요하지만 앞서 교과서에서 출제된다는 것에 대해 말씀드렸습니다. 그것도 자기 학교 교과서에 출제됩니다. 교과서는 검인정을 받은 상태이므로 풀이 평가 기준이 정확합니다.

또한 거의 대부분의 선생님은 서술형으로 출제할 예상 문제를 지정해 주시는데요. 아이러니하게도 똑같이 출제해도 많은 학생들이 좋은 점수를 받지 못합니다. 거기에 대한 연습이 부족하기 때문입니다.

여기서는 서술형 문제가 옳은지 그른지를 논하고 싶지 않습니다. 하여튼 서술형이 시험에 차지하는 비중이 50%입니다.

서술형의 첫걸음은 교과서 예제 문제의 구성을 암기하는 것입니다. 이제 암기라는 단어 자체에 거부감을 가지지 마세요. 이해가 머리의 산물이라면 암기는 노력의 산물인 것입니다.

이를 증명하는 실험 결과도 있습니다. 머리에 칭찬을 하면 그 아이는 어려운 과제에 도전하지 않게 된다고 해요. 왜냐면 만약 그 도전에 실패하면 아이의 자존심에 상처를 받기 때문이지요. 하지만 노력에 칭찬을 하면 그 아이는 어렵더라도 도전하게 된다는 것입니다.

머리 좋은 아이보다 노력하는 내 아이에게 칭찬을 해 주도록 합시다. 서술형 대비는 노력입니다.

07

용어와 개념 정리하기

수학의 용어를 모르고 공부를 진행한다는 것은 힘든 일입니다. 그건 마치 요리하는데 무슨 재료를 쓰는지 모르는 상태에서 요리 계획을 세우는 것과 같아요.

그런데 말입니다. 수학 용어는 한자어가 많기 때문에 그것을 이해하는 것이 쉽지 않습니다. 예를 들어 계급과 계급값이라는 용어가 있습니다. 저 역시 이 녀석들을 많이 보았고 다루었기에 모습의 윤곽을 잡을 수 있는 것입니다. 이 두 용어의 차이점을 보도록 하겠습니다.

계급	10이상 20 미만
계급값	15 ←··· 계급의 가운뎃 값

이런 용어에 대한 애매한 풀이들이 많은데요. 아이들만 힘든 것이 아닙니다. 가르치는 분들도 헷갈립니다.

하지만 위기가 기회입니다. 이런 용어들을 배우기 전에 자기만의 언어로 변환시켜 보는 것도 아이들의 학습에 큰 도움이 됩니다.

물론 여기서 좀 더 수고스럽겠지만 자신이 변환시킨 용어에 대한 설명을 선생님에게 물어보는 작업이 필요합니다. 아마도 자상하신 분들이나 수학을 연구하시는 선생님이라면 관심 있게 보아 줄 것입니다. 그렇게 수학을 공부하는 학생들은 일석이조의 효과를 보게 됩니다.

이렇게 용어에 대한 이해가 자기 나름대로 정립이 된 상태에서 이제는 개념 정리에 들어가야 합니다. 개념 정리. 이것 좀 모호한 느낌이 드는 단어입니다.

그래서 자신만의 개념 정리가 필요해요. 그리고 그게 바로 수학 공부의 힘든 점이기도 합니다. 개념들은 자기가 이해할 수 있도록 자기화 작업을 반드시 해 두어야 하기 때문이죠. 여기가 바로 스스로 학습이 필요한 대목입니다.

이렇게 정리된 개념들이 실제 문제에서 어떻게 적용되는지도 문제 풀이 과정을 통해 다시 정립해야 합니다.

개념을 정리해 두는데 일관성을 확보해야 하거든요. 쉬운 일이 아닙니다. 그래서 저는 반드시 교과서의 풀이 과정에 중점을 두라고 말합니다.

저는 여기서는 절대 학생들만의 개성을 지니는 것을 반대합니다. 잘못된 수학적 오류를 막기 위한 안전장치니까요.

세 살 버릇이 여든까지 간다고 잘못 형성된 풀이나 개념은 결국 독이 되어 학생의 학습에 되돌아옵니다.

팁을 말씀드리면 시중에는 여러 종류의 교과서들이 있어요. 그래서 학교마다 교과서가 다릅니다. 그래서 우리 아이의 학교 교과서를 먼저 준비한 다음 다른 학교의 교과서 2종 정도는 구비해 주세요. 서로 교차로 보면서 개념과 용어 정리를 하면 확실한 도움이 됩니다.

08

큰 그림 그리며 학습하기

초등 수학은 이제 수학의 시작입니다. 초등 5학년이라도 결코 늦은 출발이 아닙니다. 이 무슨 소리냐고요?

초등학생 때 부모님의 기대치가 너무 높아서 그렇지 사실 초등 수학은 좀 못해도 상관이 없습니다.

다시 말하지만 초등학생 시기의 수학은 연습을 이래저래 해보는 시기이지 결과를 도출하는 그런 시기가 아닙니다. 그런데 말입니다. 출처 없는 이상한 수학으로 연습은 하지 마세요. 무슨 근거와 용기로 그런 수학에 연연하시는지. 주변에 휩쓸리지 마시고 자신의 학창 시절을 잘 생각해 보세요. 결국 수학의 꽃은 고등 수학이었습니다. 초등학생 때 배운 이상한 수학의 잔재물들이 과연 입시 수학에 도움이 되었는지 생각해 보세요.

여기서 자신이 수포자가 된 이유는 포기하지 않고 끝까지 달리지 않았다는 사실에 있습니다. 지금 초등생들이 접하는 이상한 수학이 없었기 때문이 아닙니다.

다시 이야기하지만 학교에서 한번씩 보는 시험으로 인해 일희일비할 하등의 이유가 없습니다. 단지 내가 불안하다고 아이들까지 불안으로 떨게 하지 마세요. 사실 중학교 1학년까지도 늦지 않습니다. 학교 성적이 60점 정도라면요.

그 이하는 몇 달 꾸준히 하면 만회됩니다. 단 경로 이탈하지 않는 수학을 시킨다면 말입니다.

아이들에게 이상한 방법으로 푸는 것을 권하지 마세요. 훌륭한 마스터들도 기본기가 가장 중요하다고 합니다.

새로운 수학, 새로운 방법은 없습니다. 기대도 하지 마세요. 만약 그런 것이 있었다면 수학자들이 벌써 수학의 정의나 정리, 성질, 법칙 등으로 만들었을 것입니다.

초등 수학에서나 통하는 검증되지 않은 방법을 아이들에게 가르치지 마세요. 자녀들은 모릅니다. 나중에 그런 방식이 자신에게 독이 된다는 것을요.

그리고 아이들의 입맛에만 맞추지 마세요. 그런 학습은 원칙적으로 수학 학습에 도움이 되지 않습니다. 아이들이 수학을 이겨내는 방법을 훈련시켜야 합니다.

편식하는 아이가 잘 자라지 못하듯이 재미난 수학을 찾으면 나중에 장벽을 만났을 때 결코 이겨 낼 수 있는 힘을 기르지 못합니다. 당장 눈앞에서 편하고 재미있다고 그런 선택을 하시면 위험합니다.

운동선수가 가만히 앉아 있으면 아무런 운동효과가 없듯이 어려운 과정을 이겨내지 못하면 수학의 정복은 멀어지기만 할 뿐입니다.

흔들리지 마세요. 초등학생 때 배우는 것은 셈과 기본 도형이면 충분합니다. 이를 바탕으로 나아갈 길이 바로 중등 수학과 고등 수학입니다. 그것을 기준으로 나머지 양념을 맛있게 쳐야 합니다.

세상에는 강자들이 많습니다. 여기서 말하는 강자들이란 인기인들입니다. 하지만 인기인들이 꼭 전문가는 아닙니다. 우리는 전문가의 말보다 때로는 연예인이나 인기인의 말을 더 믿는 경우가 있습니다.

이런 풍토는 우리 자녀에게 아주 위험한 생각이 형성되게 만들 수 있습니다. 수학의 자세란 정확한 기준을 제시하는 것입니다. 잘못된 편견을 지니게 하지 마세요. 유명인들이 자신을 보호하기 위한 전략입니다. 인기강사의 말을 너무 맹신하지 마세요. 그들도 그냥 강사일 뿐입니다.

다시 이야기하지만 주변의 영향력 있는 엄마들이나 유명인은 전문가들이 아닙니다. 저는 개인적으로 학습지 광고에 연예인이 나오는 것에는 반대입니다. 편견이 없는 전문가들에게 반드시 우리 자녀를 맡겨야 합니다.

장거리 수학 공부에서의 기준은 교과서입니다. 나머지는 교과서를 받쳐 줄 수 있는 비타민 같은 건강식품에 불과합니다.

검정되지 않은 건강식품은 오히려 체질에 맞지 않아 독이 누적될 수 있습니다. 초등 과정에서는 그 쌓인 독이 보이지 않을 수 있습니다. 그들은 그 점을 노리고 있을 수도 있습니다. 하지만 쌓인 독은 중학 시절이나 고등 시절에 고칠 수 없는 질환으로 나타날 수 있습니다. 어찌 보면 초등 시절에 배운 지나치게 이상한 수학이 고등 수학 때 수포자의 길로 가게 한 원인일 수도 있어요.

학생이 목표는 정해져 있는데 그 길을 열심히 달릴 생각을 하지 않고 자꾸 옆길에 현혹되어 세지 않는지 수학 교육자로서 걱정이 됩니다.

옆집 전교 일등 학생의 어머니는 전문가가 아닙니다. 그 어머니의 말씀은 자신의 아이에겐 타당할 수 있지만 내 아이에게는 맞지 않습니다. 내 아이의 학습방법은 표준의 기준을 연습하면서 자신의 방법을 터득해 나가야 하는 것입니다. 방법은 약간씩 수정이 가능하지만 길 자체를 바꾸어서는 안 됩니다.

CHAPTER

04

중학교 입학 전, 반드시 알아야 할 수학 공식 원리

01

수와 연산에서 확장될 주요 공식

1. 자릿수의 덧셈으로 3의 배수를 찾는 방법

중학생이 되면 배수판정법이라는 단원이 나오는데요. 이런 것은 반드시 원리를 깨우쳐 주는 것이 필요합니다.

예를 들어 123이 3의 배수인지 어떻게 아나요? 원시적으로 직접 나누어 봐도 됩니다. 하지만 이런 방식은 원리를 깨우치는 방식이 아닙니다. 결론은 1+2+3=6으로 6을 3으로 나누어 보면 쉽게 확인됩니다. 이 방식을 배수판정법이라고 부르며 중학교에서 다루게 될 것입니다.

'정수 중에서 각 자릿수의 합이 3의 배수이면 그 수는 3의 배수이다.'

이제 왜 이렇게 되는지를 증명하는 것이 중요합니다. 모두가 싫어하는 증명을 통해 알아보도록 하겠습니다. 자, 긴장을 푸세요. 일단 123을 전개식 형태로 분리하도록 하겠습니다.

$$123 = 100 + 20 + 3$$

이것을 좀 더 손질하면

$$\begin{aligned} 100 &= 1 \times 100 \\ 20 &= 2 \times 10 \\ 3 &= 2 \times 1 \end{aligned}$$

여기서 100, 10, 1은 자릿수입니다. 다듬어 볼게요.

$$\begin{aligned} 100 &= 1 \times (99 + 1) \\ 20 &= 2 \times (9 + 1) \\ 3 &= 3 \times 1 \end{aligned}$$

99는 약수와 배수의 성질을 이용하여 좀 더 다듬어 보겠습니다. 3의 배수가 된다는 것은 결국 3이 약수라고 할 수 있지요.

$$\begin{aligned} 100 &= 1 \times (3 \times 33 + 1) \\ 20 &= 2 \times (3 \times 3 + 1) \\ 3 &= 3 \times 1 \end{aligned}$$

요런 방법을 이용하여 123을 표현해 보겠습니다.

$$123 = 1 \times (3 \times 33 + 1) + 2 \times (3 \times 3 + 1) + 3 \times 1$$

이제 기술이 하나 들어갑니다.

$$123 = 1 \times (3 \times 33 \boxed{+1}) + 2 \times (3 \times 3 \boxed{+1}) + 3 \times 1$$

3의 배수가 아닌 요 부분을 빼냅니다.

그렇다고 무턱대고 빼낼 수는 없습니다. 수학은 자신만의 고유의 규칙이 있거든요. 전개해서 빼내야 합니다.

$$123 = 1 \times (3 \times 33 + 1) + 2 \times (3 \times 3 + 1) + 3 \times 1$$
$$123 = 1 \times 3 \times 33 + 1 + 2 \times 3 \times 3 + 2 + 3 \times 1$$

이제 빼내도록 하겠습니다.

자리이동

$$123 = 1 \times 3 \times 33 + \boxed{1} + 2 \times 3 \times 3 + \boxed{2} + 3 \times 1$$
$$123 = 1 \times 3 \times 33 + 2 \times 3 \times 3 + \boxed{1} + \boxed{2} + \boxed{3}$$

자리를 바꾸는 것을 수학에서는 교환법칙이라고 말합니다. 위에서 보면 $1\times3\times33$과 $2\times3\times3$은 모두 3의 배수가 맞습니다. 나머지 1+2+3이 3의 배수가 되면 증명이 끝나는 것입니다. 다행히 1+2+3=6으로 3으로 나누어지는 3의 배수가 맞네요.

그래서 3의 배수가 각 자리의 숫자의 합이 3의 배수이면 그 수는 3의 배수가 됩니다. 한번 더 정리하겠습니다.

곱하기로 연결됨

$$123=3\times\{(33\times1)+(3\times2)\}+1+2+3$$

3이 있으므로 　3의 배수 확실 　각 자릿수 숫자의 합을 볼 것

2. 초등 수학에서의 약수와 배수 개념

$c=a\times b$에서 c는 a의 배수이고 a는 c의 약수입니다. b역시 c의 약수이면서 c는 b의 배수입니다. 위에서는 이것을 응용한 것입니다. 이왕 문자가 나온 김에 3의 배수판정법으로 문자화시켜 증명시키도록 하겠습니다.

$$\begin{aligned}ABC&=A\times100+B\times10+C\\&=A\times(3\times33+1)+B\times(3\times3+1)+C\\&=(A\times3\times33)+A+B\times(3\times3)+B+C\\&=(3\times(A\times33)+3\times(B\times3))+A+B+C\\&=3\times(33\times A+3\times B)+A+B+C\end{aligned}$$

이렇게 해서 뒤의 $A+B+C$만 3의 배수가 된다면 다른 것은 자동으로 3의 배수가 됨을 증명하였습니다.

3. 초등학교 수학에서 숨겨진 기술들

$a \div b = c$라면 $a = b \times c$입니다. 수를 예로 들어 보여드리겠습니다.

$$6 \div 2 = 3,\ 6 = 2 \times 3$$

여기서 다시 식을 변형시켜 보면

$$\frac{6}{2} = 3$$

나누기는 분수로 고칠 수 있습니다. 여기서 좀 더 변형을 즐기기 위해 등식의 성질을 이용해 보겠습니다.

$$2 \times \frac{6}{2} = 3 \times 2,\ 6 = 6$$

이제 문자를 가지고 즐겨 보겠습니다.

$$a \div b = c \text{ 라면 } a = b \times c$$
$$\frac{a}{b} = c,\ a = b \times c,\ \frac{a}{c} = b$$

앗, 이것을 잘 보세요.

$$\frac{a}{b}=c, \quad \frac{a}{c}=b$$

이렇게 왔다 갔다 해도 등식은 성립합니다. 이것은 문제를 풀다가 잔잔하게 이용되는 잡기술입니다.

4. 분수의 덧셈에서 왜 분자끼리만 계산해야 되나요?

이것은 중학생이 되었을 때 사용 가능한 문자를 가지고 증명해 보도록 하겠습니다.

$$\frac{a}{c}+\frac{b}{c}=\frac{a+b}{c}$$

분모에는 변함이 없습니다. 왜 그런 걸까요? 우리가 앞에서 말했듯이 분수와 나누기는 같다는 것을 이용해 보겠습니다.

$$\frac{a}{b}=a \div b$$

이것을 이용하여

$$\frac{a}{c}+\frac{b}{c}=(a \div c)+(b \div c)$$

나눗셈을 하고 더한 형태로 고쳤습니다. 여기에 약간의 손질을 가하겠습니다. 그냥 따라오세요. $((a \div c)+(b \div c)) \times c$ 식에 c를 곱했습니다. c를 두 군데 분배시키겠습니다.

$$((a \div c)+(b \div c)) \times c$$
$$=((a \div c) \times c+(b \div c) \times c)$$

이 식을 좀 알기 쉽게 정리할게요. 먼저 $\div c$와 $\times c$가 상쇄되면서 사라집니다. 그래서 남은 결과는 $(a+b)$입니다. 분자끼리 더해진 모습입니다.

이렇게 남은 것에 아까 앞에서 c를 곱한 만큼 c로 나누어 주면 됩니다.

$$(a+b) \div c$$

이것에 다시 나누기는 분수로 만들 수 있다는 규칙을 이용하면

$$(a+b) \div c=\frac{(a+b)}{c}$$

이렇게 만들어진 것을 앞의 것과 합체하면

$$\frac{a}{c}+\frac{b}{c}=\frac{a+b}{c}$$

이렇게 식이 성립하죠. 그래서 분수의 덧셈과 뺄셈은 분자끼리만 계산하면 됩니다. 단 분모가 같을 때입니다.

만약 다르다면 통분을 시켜서 계산하면 됩니다. 이 부분은 고등학생이 되었을 때 인수분해를 만나 그 기능이 확장될 것입니다.

5. 분수의 곱셈은 왜 분모끼리 곱하고 분자끼리 곱할까요?

당연하게 여기실 수 있지만 나중에 고학년이 되어 분수식에 문자가 가미되면 혼선을 빚을 수 있어요.

왜 그렇게 되는지 문자화시켜서 증명해 보이겠습니다. 분수의 기본 규칙만 잘 알아 두면 모두 응용이 됩니다.

$$a \div b = \frac{a}{b}$$

일단 보시죠.

$$\frac{1}{2} \times \frac{3}{4} = \frac{1 \times 3}{2 \times 4} = \frac{3}{8}$$

문자화시키겠습니다.

$$\frac{a}{b} \times \frac{d}{c} = \frac{a \times d}{b \times c}$$

분수의 기본 규칙을 이용하여 보겠습니다.

$$\frac{a}{b}\times\frac{d}{c}=(a\div b)\times(d\div c)$$

여기서 다시 $(b\times c)$를 해 봅니다.

$$\begin{aligned}&((a\div b)\times(d\div c))\times(b\times c)\\=&((a\div b)\times(d\div c)\times(b\times c))\\=&(a\times d)\end{aligned}$$

이제 기억력을 되살립니다. $(b\times c)$를 곱한 만큼 나누어 주어야 합니다.

$$\begin{aligned}&(a\times d)\div(b\times c)\\=&\frac{(a\times d)}{(b\times c)}\end{aligned}$$

분수의 기본 규칙이 또 한 차례 응용해서 들어갔습니다. 따라서

$$\frac{a}{b}\times\frac{d}{c}=\frac{a\times d}{b\times c}$$

위와 같은 식이 성립합니다. 그 말뜻은 분모끼리 곱하고 분자끼리 곱하게 된다는 뜻입니다. 좀 흐릿한 감이 들지요.

학생들이 수포자가 되는 이유가 이런 안개 같은 풀이에 익숙

해지지 않아서 생기는 일입니다. 차이는 딱 이만큼입니다. 흐린 한 것의 윤곽을 잡아 나가는 것이 바로 수학의 정복의 길입니다.

6. 왜 분모와 분자에 같은 수를 곱해도 될까요?

$$\frac{a}{b}=\frac{a\times c}{b\times c}$$

수로 예를 들어 설명하도록 하겠습니다.

$$\frac{1}{2}=\frac{1\times 3}{2\times 3}=\frac{1}{2}\times\frac{3}{3}=\frac{1}{2}\times 1\ (\leftarrow\frac{3}{3}=1\text{로 약분})$$

이제 이것을 문자화시켜 보겠습니다.

$$\frac{a}{b}=\frac{a\times c}{b\times c}=\frac{a}{b}\times\frac{c}{c}=\frac{a}{b}\times 1=\frac{a}{b}$$

그렇습니다. 학년이 올라갈수록 이런 계산에 막힘이 없어야 합니다. 처음에는 상당히 이해하기 힘들 것입니다. 당연히 여기지는 모습이니까요.

그래서 하는 말이 바로 익숙해져야 하는 것입니다. 고학년이 될수록 수를 가지고 노는 수학보다는 문자를 가지고 노는 수학이 점점 늘어나게 될 것입니다. 힘들어 진다는 뜻입니다.

02

도형에서 익히고 가야 할 성질과 공식 1

1. 삼각형

첫 출발은 삼각형으로, 여기서 우리가 살펴볼 성질은 '밑변의 길이와 높이가 같으면 삼각형이 어떤 모습을 가지던 그 넓이는 같다'는 것입니다.

이 성질은 중학교 수학에서는 바로 물어 보는 문제이고 고등학생이 되면 도형의 문제를 푸는 과정에 삽입되어 이용됩니다.

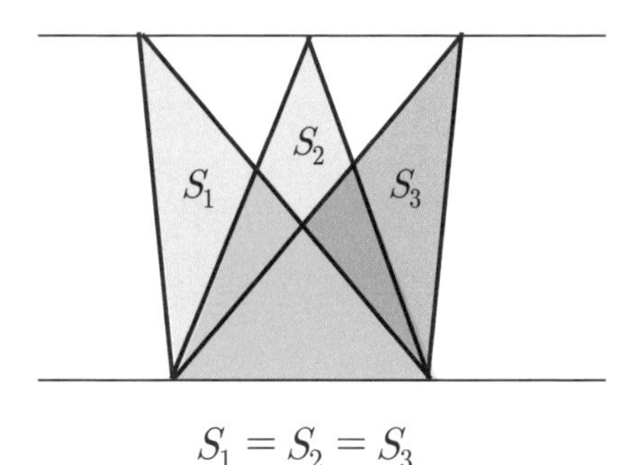

$S_1 = S_2 = S_3$

두 직선이 평행하니까 높이는 같습니다. 이 성질은 아마도 고등학교 때까지 따라다닐 것입니다. 응용된 버전까지 말씀드릴게요.

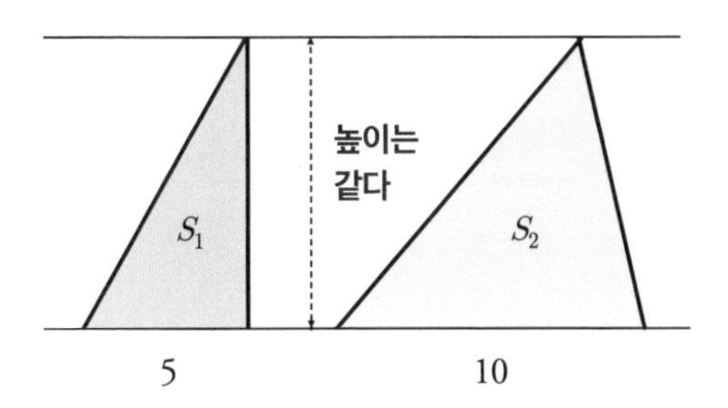

높이가 같은 삼각형은 밑변의 길이의 비와 넓이의 비가 정비례합니다. 당연한 것 같아도 시험에 나오면 응용하기 힘들어합니다. 긴가민가하거든요. 아리송하게 된다는 뜻입니다.

선분이 비가 m : n인 경우 넓이의 비는 $m^2 : n^2$이라는 것을 배운 후 학생들은 또 힘들어합니다. 하지만 높이가 같을 때는 위의 성질이 적용되지 않습니다. 그때의 선분의 비는 바로 넓이의 비가 됩니다.

2. 직선, 반직선, 선분

도형에는 삼각형, 사각형이라는 평면도형만 있는 것이 아닙니다. 선들도 중요하게 알아 두어야 합니다. 앞에서 이야기했지만 한 번 더 자세히 알아보도록 할게요. 선에는 직선, 반직선, 선분들이 있습니다.

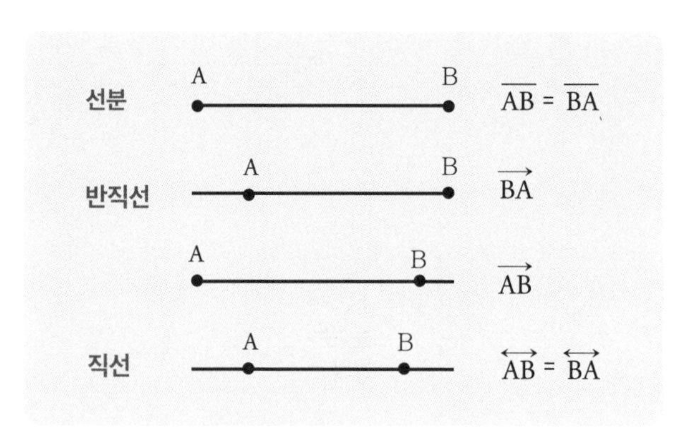

그중 반직선을 특히 잘 알아 두어야 합니다. $\overrightarrow{AB}$로 표시된 반직선을 예를 들어 보면 점 A에서 출발하여 점 B의 방향으로 나아간다는 뜻입니다.

3. 선분과 분할

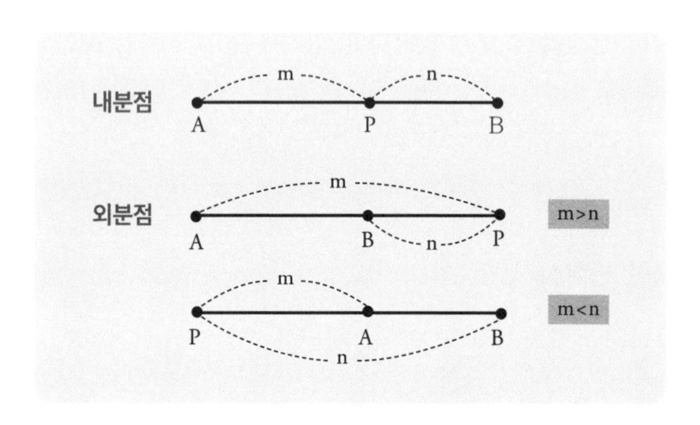

수직선 위에 있는 두 점 $A(x_1), B(x_2)$ 에 대하여 $\overline{AB}$ 를 m :

n(m〉0, n〉0)으로 내분하는 점 P와 외분하는 점 Q의 좌표는 다음과 같습니다.

① 내분점 $P\left(\frac{mx_2+nx_1}{m+n}\right)$

② 외분점 $Q\left(\frac{mx_2-nx_1}{m-n}\right)(m \neq n)$

중학교 때는 주로 선분을 내분하는 점에 대해서 출제됩니다. 초등 수학의 비례식과 연관을 맺고 있지요. 하지만 이것은 나중에 고등 수학의 좌표랑 연관되면서 어려워질 것입니다. 잘 알아 두세요.

4. 각

각 역시 초등 수학에서 중등 수학으로 연결되다가 고등학생이 되면 호도법이라는 일반적 표현법으로 문자화되어 모습이 확장됩니다.

각은 진화를 거듭하면서 삼각함수라는 무시무시한 녀석과 동행을 하게 되지요. 수포자들에게 쐐기를 박는 단원입니다.

$$30^\circ = \frac{\pi}{6}$$

5. 평행선과 동위각, 엇각

이 단원 역시 각의 표시가 ㄱ, ㄴ ㄷ에서 A, B, C로 바뀌는 것 빼고는 큰 변화를 주지 않습니다. 약간 난이도가 올라갈 뿐입니다.

아래처럼 문제가 좀 복잡해집니다.

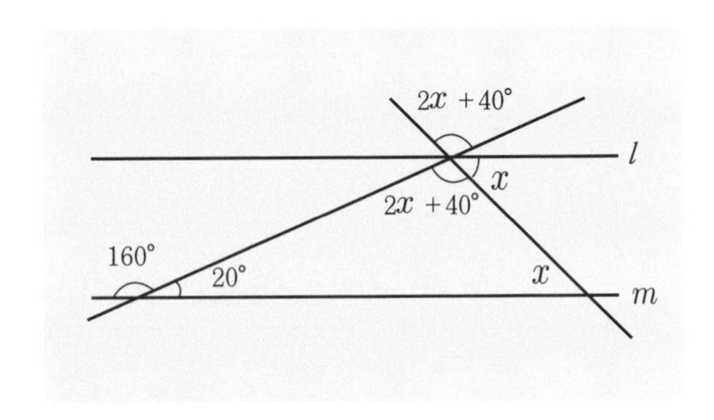

6. 한 평면에서 두 직선의 위치 관계

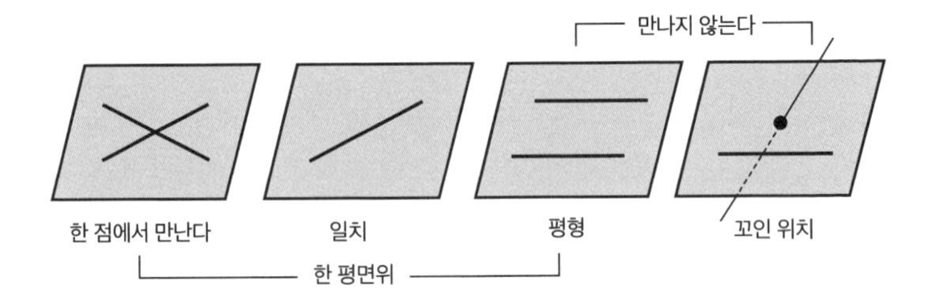

중 1에서 배우던 것이 중 2에서는 좌표평면으로 옮겨 가면서 식의 연립으로 다시 표현됩니다.

원래 이 녀석은 고등학생이 되면 또 다시 발전하면서 기하와 벡터로 연결되지만 기하와 벡터를 선택하는 학생들이 줄어드는 관계로 중요도가 좀 떨어지게 되었습니다.

두 직선의 위치 관계	그래프	$\begin{cases} y=mx+n \\ y=m'x+n' \end{cases}$	$\begin{cases} ax+by+c=0 \\ a'x+b'y+c'=0 \end{cases}$	연립방정식의 해의 개수
한 점에서 만남	y, O, x	$m \neq m'$ (기울기가 다름)	$\frac{a'}{a} \neq \frac{b'}{b}$	한 쌍
수직	y, O, x	$m \cdot m' = -1$ (기울기의 높이 -1)	$aa' + bb' = 0$	한 쌍
평행	y, O, x	$m = m', n \neq n'$ (기울기 같고, y절편 다름)	$\frac{a'}{a} = \frac{b'}{b} \neq \frac{c'}{c}$	없다
일치	y, O, x	$m = m', n = n'$ (기울기 같고, y절편 같음)	$\frac{a'}{a} = \frac{b}{b} = \frac{c'}{c}$	무수히 많다

7. 공간에서의 두 평면의 위치관계

(1) 일치한다.

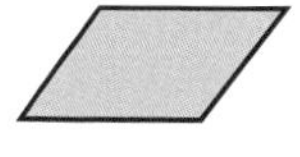

(2) 만난다.

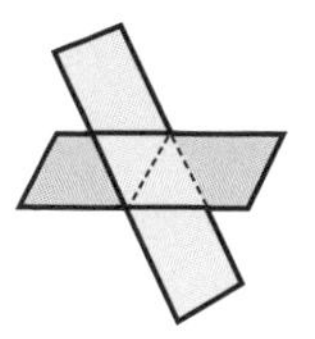

(3) 평행한다.

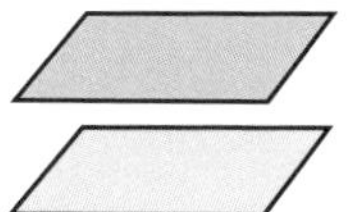

공간에서 두 평면의 위치 관계는 직육면체에서 그의 특성을 잘 드러내는데요.

문제

오른쪽 직육면체에서 다음을 말하여라.

(1) 모서리 AB와 만나는 모서리

(2) 모서리 AD와 평행한 모서리

(3) 모서리 BF와 꼬인 위치에 있는 모서리

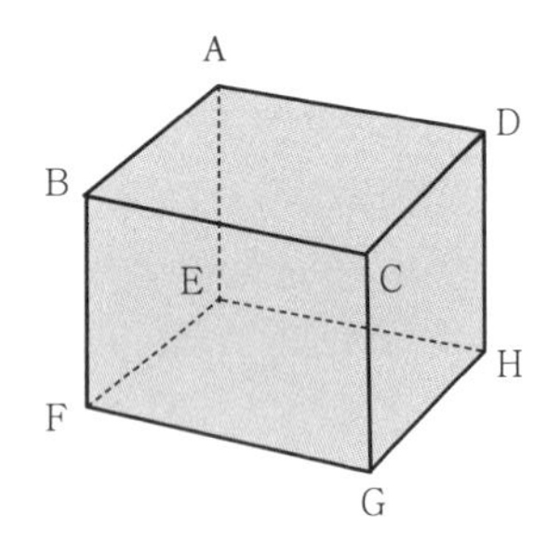

위와 같은 문제로 자주 출제됩니다.

8. 도형의 작도

눈금 없는 자와 컴퍼스만으로 도형을 작도합니다.

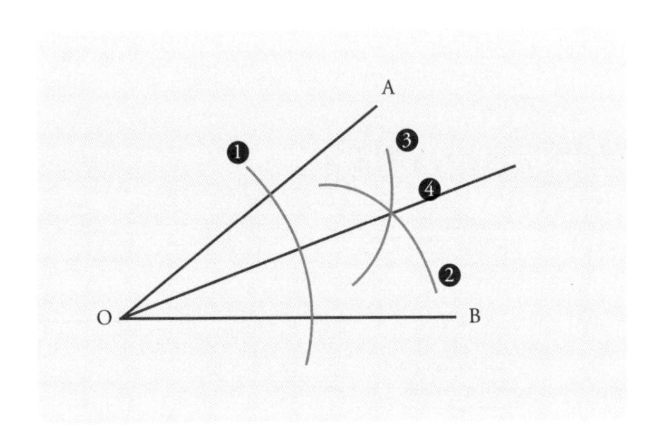

각의 이등분선 작도는 수행 평가의 단골 고객입니다. 반드시 알아 두어야 합니다. 그리 어렵지는 않습니다. 하는 방법을 움직임을 중심으로 보려면 유튜브에 잘 나올 겁니다. 여기서 파생되는 시험 문제로는 각의 이등분선의 성질이 있는데요. 삼각형이 관여되어 있습니다.

9. 각의 이등분선의 성질

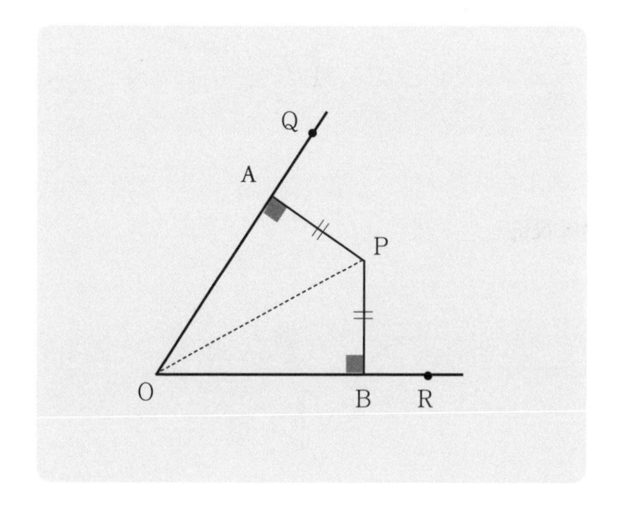

각의 이등분선에서 직각삼각형 두 개를 만들어 냅니다. 거기서 파생되는 같은 변들, 양쪽으로 활용되는 공통변 OP 등등 출제될 문제 형식들이 눈에 속속 들어옵니다. 그중에서 시험에 잘 나오는 작도 문제로는 어떤 것들이 있는지 한번 살펴볼까요?

① 선분의 수직이등분선의 작도

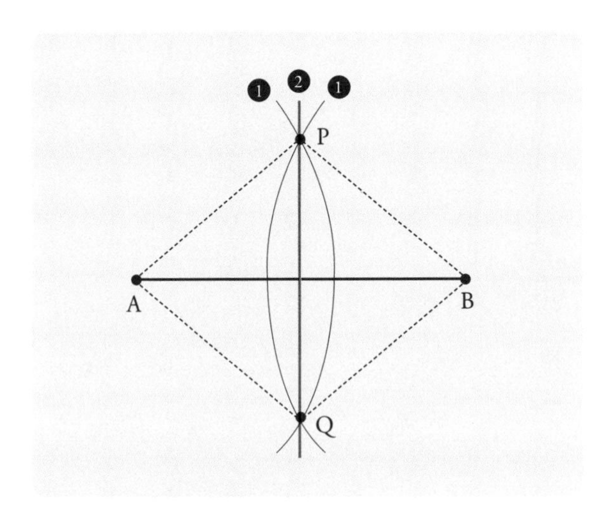

② 수선의 작도

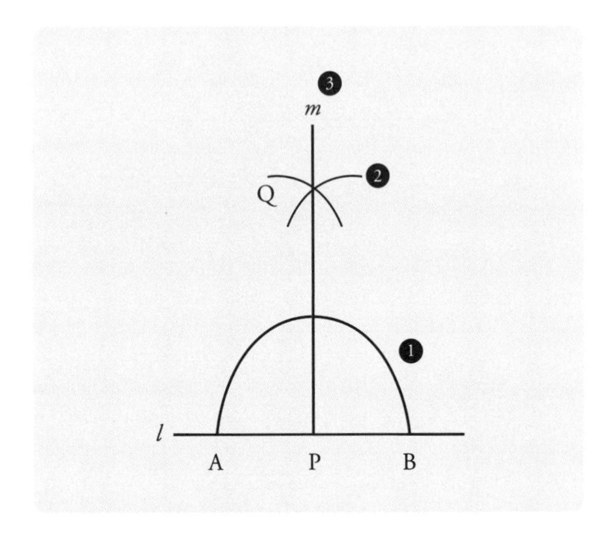

③ 직각삼각형의 작도

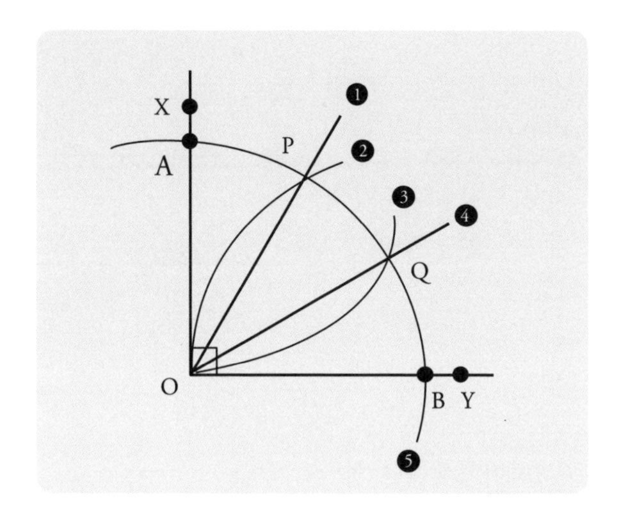

이것들 역시 모두 한 장면의 그림만으로는 이해하기 힘들어요. 유튜브를 보며 그려 내는 순서를 반드시 참조해야 합니다.

10. 평행선의 작도

평행선의 작도로 생기는 동위각과 엇각에 대한 문제는 중학 수학의 필수품입니다. 보시지요.

서로 다른 두 직선이 다른 한 직선과 만날때

① 두직선이 평행하면 동위각의 크기는 서로 같다. → $l//m$이면 ∠a = ∠b

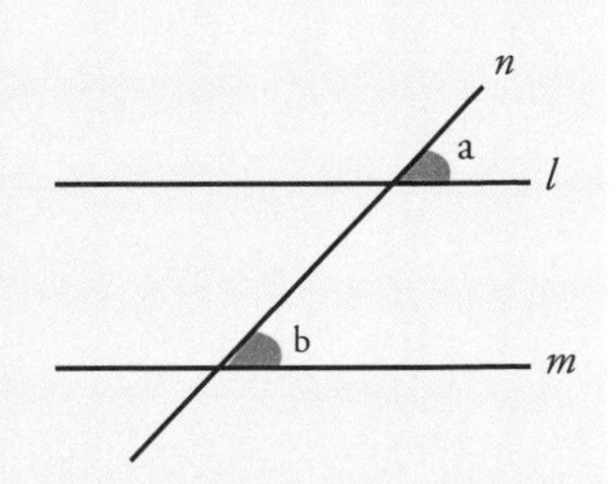

② 두 직선이평행하면 엇각의 크기는 서로 같다. → $l//m$이면 ∠c = ∠d

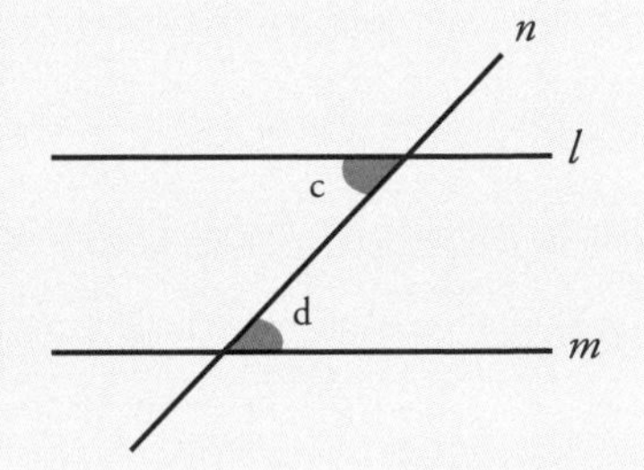

03

도형에서 익히고 가야 할 성질과 공식 2

1. 삼각형의 결정조건

(1) 세 변의 길이가 주어질 때
(2) 두 변의 길이와 그 끼인각의 크기가 주어질 때
(3) 한 변의 길이와 그 양끝각의 크기가 주어질 때

위의 세 가지 조건 중에 어느 한 가지만 주어져도 삼각형의 모양과 크기가 결정되지요. 여기서 초등 수학의 내용을 좀 첨부하면 세 변 중에서 한 변이 아무리 길어도 나머지 두 변의 합보다 작아야 한다는 내용도 있습니다. 이 내용과 좀 유사하지만 구별해야 할 조건이 바로 삼각형 합동조건입니다. 차이점은 삼각형 합동조건은 두 삼각형의 관계에서 이루어진다는 것이죠.

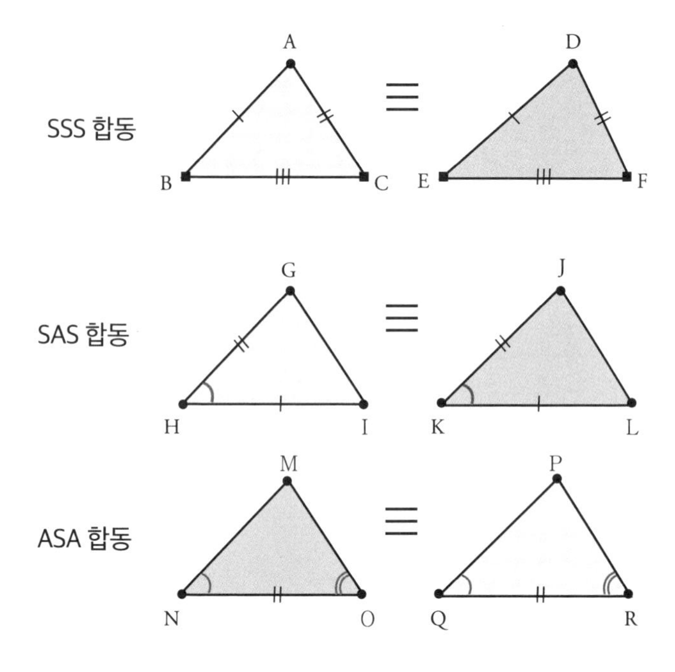

좀 더 설명을 해 보면 두 삼각형의 어떤 조건만 만족시켜 주면 나머지는 안 따져 보아도 합동이 된다는 것입니다. 여기서 S는 변을 말하는 것이고 A는 각을 말합니다.

SSS 합동은 세 변의 길이가 모두 같다는 뜻이고 SAS는 두 변과 끼인각을 의미합니다. 반드시 끼인각이어야 합니다. ASA는 한 변과 양 끝각입니다.

2. 다각형의 대각선 개수

일단 대각선에 대해 알아봅니다. 대각선이란 이웃하지 않은 꼭짓점들을 연결한 선분을 의미하는데요. 이런 대각선과 관련된 공식들로는 다음과 같은 것들이 있습니다.

다각형의 대각선의 총수

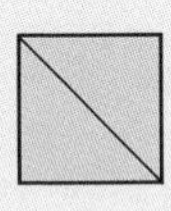

• n각형의 한 꼭짓점에서 그을 수 있는 대각선의 개수 : $n-3$

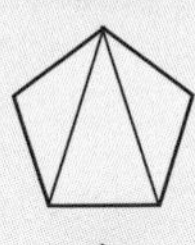

• n각형의 대각선의 총수 : $\frac{n(n-3)}{2}$

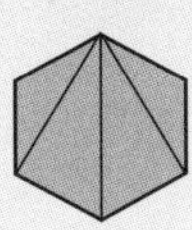

두 공식 다 잘 쓰이지요. 그렇기 때문에 따로 분류해서 알아 두셔야 합니다.

3. 삼각형의 내각과 외각

이 내용은 초등 도형에서 성장하다가 중학생 때는 방정식과 힘을 합하여 우리 학생들을 괴롭힙니다.

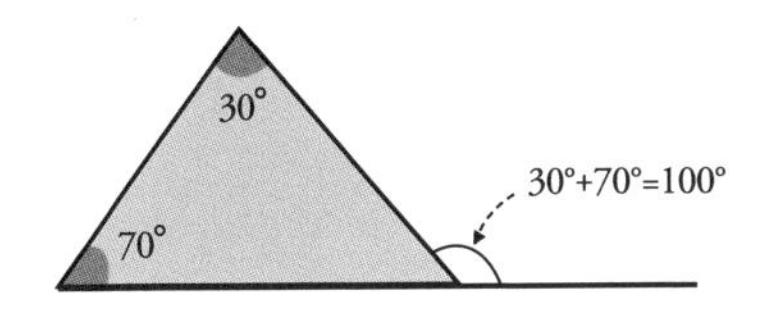

초등학생 때는 이렇게 단순한 계산의 형태로 출제되다가 중학생이 되면 방정식을 만나면서 사춘기가 시작됩니다.

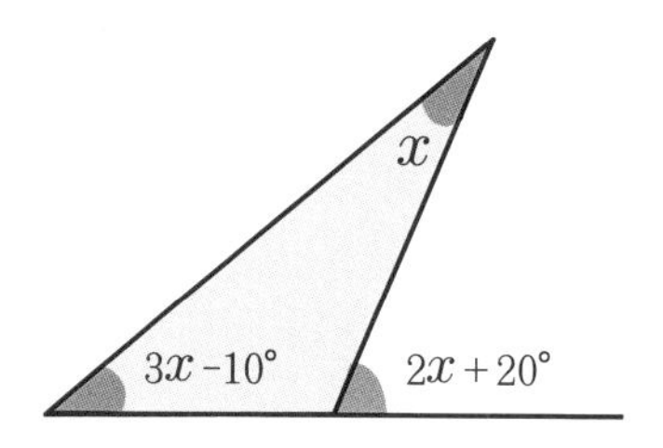

다음은 x를 찾는 방정식 형태가 들어간 문제입니다. 삼각형의 외각과 내각의 성질만 안다고 해결될 문제가 아니지요. 방정식을 알아야 x를 찾을 수 있습니다. 학년이 올라가면서 여러 분야에 연결되기 시작하는 수학이랍니다.

4. 원과 직선

이 단원 역시 중 1에서 시작되어 고등학교 도형까지 연결됩니다.

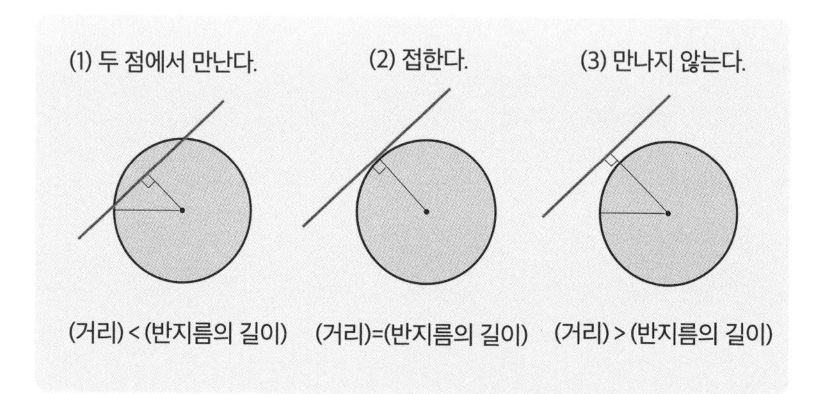

이렇게 출발한 중등 수학은 고등학교에 접근하면서 판별식이라는 녀석과 힘을 합세하여 우리 자녀들을 괴롭힐 것입니다. 아래와 같은 공식을 바로 판별식이라 하지요.

이차방정식 $ax^2+bx+c=0$

$D=b^2-4ac>0$: 서로 다른 두 근

$D=b^2-4ac=0$: 중근

$D=b^2-4ac<0$: 서로 다른 두 허근

★ $D/4=b'^2-ac(b'=b/2)$

이차방정식에서 출몰하는 판별식이 왜 원과 직선에서 출몰하냐면 원이 이차식으로 만들어져 있기 때문입니다.

5. 증명에 필요한 도형의 성질

수학에서 도형의 꽃은 바로 중 2때 배우는 도형의 증명입니다. 이 시기에 배운 도형의 증명은 수능은 물론이고 고등학교 도형의 전반에 걸쳐 응용됩니다. 따라서 학생들은 용어에 대한 정의와 정리, 성질들은 반드시 잘 숙지해야 합니다.

먼저 정의는 용어의 뜻을 명확하게 정한 문장을 의미합니다. 사다리꼴의 정의를 한 쌍의 대변이 평행한 사각형이라 하는 것과 같은 것이지요.

다음으로 증명이란 어떤 명제가 참임을 설명하기 위하여 이미

옳다고 밝혀진 성질을 바탕으로 명제의 가정으로부터 체계적으로 결론을 이끌어 가는 설명을 뜻해요.

마지막으로 정리는 증명된 명제 중에서도 기본이 되는 명제이며, 항상 참인 명제를 말한답니다.

참고로 학년이 올라갈수록 정삼각형의 역할보다는 이등변삼각형의 역할이 더욱 강해집니다.

문제

다음은 아래의 문제를 증명하는 과정이다. 괄호 안에 알맞은 것을 써넣어라. ($\triangle ABC$ 에서 $\overline{AB}$ 이면 $\angle B = \angle C$)

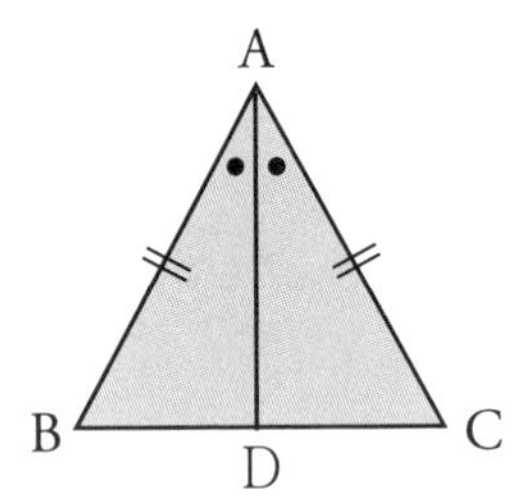

[가정] $\triangle ABC$ 에서 $\overline{AB} = \overline{AC}$

[결론] $\angle B = \angle C$

[증명] $\angle A$의 이등분선과 변 BC가 만나는 점을 D라고 하자.

$\triangle ABD$와 $\triangle ACD$에서

$\overline{AB} = \square$ …… ㉠

$\overline{AD}$는 공통 …… ㉡

$\angle BAD = \square$($\angle A$의 이등분된 각) …… ㉢

$\therefore \triangle ABD \equiv \triangle ACD$ (☐ 합동)

$\therefore \angle B =$ ☐ (결론)

이런 유형의 증명 문제는 한 개도 빠트리지 않고 철저히 공부해야 합니다. 이것은 나중에 고등 수학의 도형 단원으로 연결되거든요. 기초가 없다는 말을 유발하는 부분이 바로 이 부분입니다.

6. 직각삼각형의 합동조건

삼각형의 합동조건을 좀 더 세부화해 들어간 조건입니다. 이 부분이 중요한 이유는 나중에 직각삼각형이 피타고라스의 정리를 만나는 과정에서 수와 식과 도형이 협력하여 문제를 만들어 내기 때문입니다. 반드시 알아 두어야 할 충분한 이유가 됩니다.

사실 중 2 도형 부분은 중요하지 않은 부분이 없을 정도입니다. 모두 고등학교를 졸업할 때까지 따라다닐 것입니다.

04

측정을 통일시켜야 할 공식

초등학생 때 배우는 단위들을 직접 물어보는 문제는 중학생이 되면 등장하지 않습니다. 하지만 문장제 문제에서 거리나 무게의 단위를 통일시켜서 계산하는 것이 나옵니다.

예들 들어 1kg은 1000g으로 단위를 통일시켜서 계산하게 됩니다. g에 단위를 맞추어서 계산하기도 하고 kg에 단위를 맞추기도 하지요.

보통 단위에서 k는 1000을 의미합니다. 1km는 1000m가 되니까요. 그리고 측정 단위에서 1m는 100cm입니다. 이 내용은 초등학교 때 배우지만 중학교 수학 문장제 문제에서는 이 단위의 측정을 가지고 함정을 파 둡니다. 중학교 교과서에서 발췌한 문제를 한 번 보실게요.

문제

물의 높이가 1시간에 20cm씩 줄어드는 물탱크의 현재 물의 높이는 6m입니다. 지금부터 x시간 전의 물의 높이를 x를 사용한 식으로 나타내세요. 또, 지금부터 2시간 전의 물의 높이를 구하세요.(8점)

배점이 8점인 이유 중의 하나는 물의 높이가 1시간에 20cm로 줄어드는데 현재의 물의 높이가 6m입니다. m와 cm의 단위가 다르지요. 이 단위를 맞추지 않으면 정답은 나오지 않습니다.

초등 저학년 때 배운 측정의 단위는 이렇게 문제 속에서 숨어들어 푸는 과정에서 활용됩니다. 대표적으로 숨어 괴롭히는 측정 단위로는 L와 mL가 있습니다. 참고로 1L=1000mL입니다. 주로 1000 단위들이 많네요.

원주와 원주율도 똑같아요. 초등학교 때에는 원주율을 3.14라는 단위를 쓰지만 중학생이 되면 π라는 기호로 바뀌면서 계산의 괴로움은 많이 벗어나게 됩니다. 하지만 원의 둘레와 넓이에 대한 공식은 반드시 알아 두어야 하지요.

반지름의 길이가 r인 원의 둘레의 길이를 l,

넓이를 S라고 하면

$l = 2 \times (\text{반지름의 길이}) \times (\text{원주율})$

$= 2 \times r \times \pi = 2\pi r$

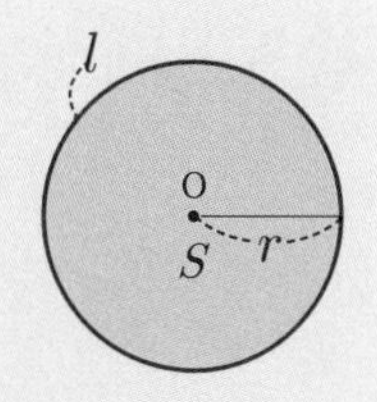

S=(반지름의 길이)×(반지름의 길이)×(원주율)

$$= r \times r \times \pi = \pi r^2$$

중학생이 되면 이렇게 문자를 사용하여 공식을 나타낼 것입니다. 달라진 것은 없지만 영어의 알파벳을 이용했다는 것이 좀 신경 쓰이네요. 여기서 파생되는 몇 가지 공식을 좀 더 알아보겠습니다.

호의 길이가 l인 부채꼴의 넓이(S)

$$\begin{aligned} S &= \pi r^2 \times \frac{x}{360} \\ &= r \times \pi r \times \frac{x}{360} \\ &= r \times \frac{1}{2} \times 2\pi r \times \frac{x}{360} \\ &= r \times \frac{1}{2} \times l \leftarrow \left(l = 2\pi r \times \frac{x}{360} \right) \\ &= \frac{1}{2} rl \end{aligned}$$

위의 공식 유도 과정에서 r은 반지름이고 x는 부채꼴을 이루는 중심각입니다. 중학생이 되면 측정은 문제를 구성하는 작은 부분을 차지하면서 본격적인 활약을 자제합니다.

05

규칙성에서 빠트릴 수 없는 공식

수학에서는 사각수라는 것이 있습니다. 보시지요.

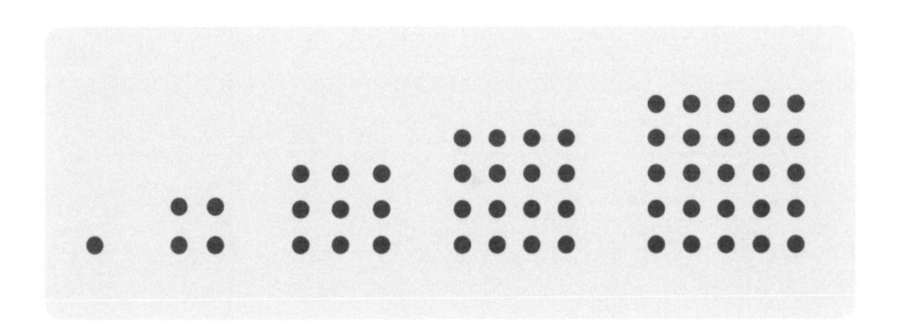

1, 4, 9, 16, … 어떤 규칙성을 지니고 있냐고요? 바로 가로, 세로의 곱으로 이루어진 수입니다.

$$1=1\times1$$
$$4=2\times2$$
$$9=3\times3$$
$$\vdots$$

중학생이 되면 이런 수를 완전제곱수라는 용어로 표현합니다. 대표적인 것이 정비례와 반비례인데요. 이 규칙성은 나중에 함수로 이어집니다. 그래서 우리가 암기해 두어야 할 공식은 정비례와 반비례 공식이랍니다.

정비례 관계 $y = ax$ (단, $a \neq 0$)의 그래프는 원점을 지나는 직선이다.

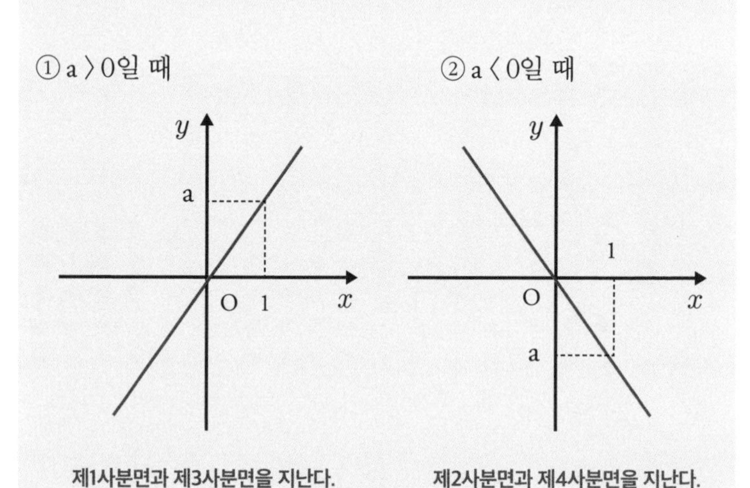

반비례 관계 $y = \frac{a}{x}$(단, $a \neq 0$)의 그래프는 한 쌍의 매끄러운 곡선이다.

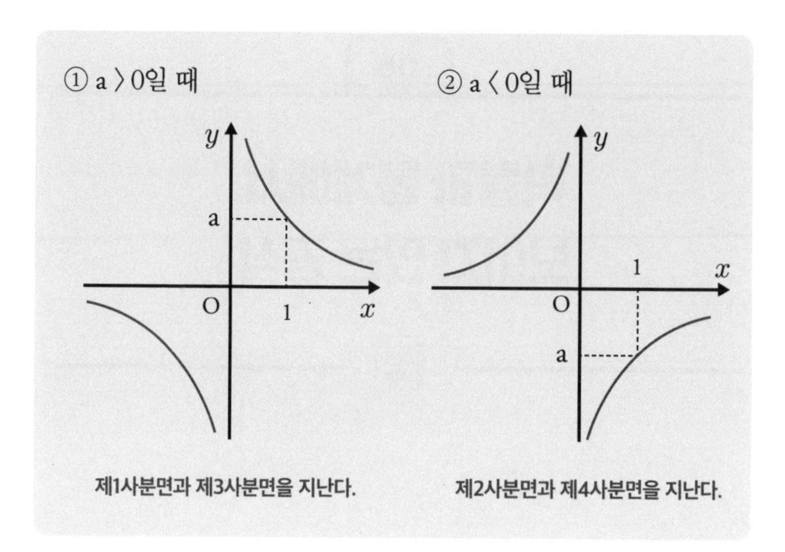
① a 〉0일 때
y
a
O
1
x
제1사분면과 제3사분면을 지난다.
② a 〈 0일 때
y
1
x
O
a
제2사분면과 제4사분면을 지난다.

06

확률과 통계에서 보이지 않는 공식

확률의 처음 시작은 경우의 수부터입니다.

1. 합의 법칙

두 사건 A, B가 동시에 일어나지 않을 때, 사건 A가 일어나는 경우의 수를 a, 사건 B가 일어나는 경우의 수를 b라고 하면 (사건 A 또는 사건 B가 일어나는 경우의 수)=a+b입니다.

예 서로 다른 연필 3자루와 볼펜 2자루 중에서 한 자루를 고를 때, 연필과 볼펜을 고르는 경우의 수는 3+2=5

2. 곱의 법칙

사건 A가 일어나는 경우의 수를 a, 그 각각에 대하여 사건 B가 일어나는 경우의 수를 b라고 하면 (사건 A 또는 사건 B가 동시에 일어나는 경우의 수)= $a \times b$입니다.

예 서로 다른 연필 3자루와 볼펜 2자루 중에서 연필과 볼펜을 각각 한 자루씩 고르는 경우의 수는 $3 \times 2 = 6$

(1) 동전과 주사위를 던지는 경우의 수

① 서로 다른 m개의 동전을 동시에 던질 때 → 2^m

② 서로 다른 n개의 주사위를 동시에 던질 때 → 6^n

③ 서로 다른 m개의 동전과 n개의 주사위를 동시에 던질 때 → $2^m \times 6^n$

①에서 왜 밑의 수가 2냐면 동전에는 앞면과 뒷면이 있으니 나올 수 있는 경우의 수가 2가지씩 생겨나기 때문이죠. 그래서 2의 거듭제곱 꼴로 공식이 생겨났습니다.

②에서 주사위의 경우는 나오는 눈의 수가 1, 2, 3, 4, 5, 6으로 6가지가 생기므로 6의 거듭제곱 꼴로 나타납니다.

마지막으로 ③에서 동전은 밑이 2이고 주사위는 밑을 6으로 하면 됩니다. 그리고 동전과 주사위는 따로 놀기 때문에 가운데는 곱하기로 연결됩니다.

(2) 한 줄로 세우는 경우의 수

① n명을 한 줄로 세울 때 → $n \times (n-1) \times (n-2) \times \cdots\ 2 \times 1$

② n명 중에서 2명을 뽑아 한 줄로 세울 때 → $n \times (n-1)$

③ n명 중에서 3명을 뽑아 한 줄로 세울 때 → $n \times (n-1) \times (n-2)$

3. 자연수 만들기

(1) 자연수를 만드는 경우의 수

① 0이 포함되지 않는 서로 다른 한 자리의 숫자가 각각 적힌 n장의 카드 중에서

- 2장을 동시에 뽑아 만들 수 있는 두 자리의 자연수의 개수
  → $n \times (n-1)$개
- 3장을 동시에 뽑아 만들 수 있는 세 자리의 자연수의 개수
  → $n \times (n-1) \times (n-2)$개

② 0이 포함된 서로 다른 한 자리의 숫자가 각각 적힌 n장의 카드 중에서

- 2장을 동시에 뽑아 만들 수 있는 두 자리의 자연수의 개수
  → $(n-1) \times (n-1)$개
- 3장을 동시에 뽑아 만들 수 있는 세 자리의 자연수의 개수
  → $(n-1) \times (n-1) \times (n-1)$개

(2) 대표를 뽑는 경우의 수

① n명 중에서 자격이 다른 대표를 뽑는 경우의 수(뽑는 순서와 관계가 있는 경우)

- 2명을 뽑을 때 → $n\times(n-1)$
- 3명을 뽑을 때 → $n\times(n-1)\times(n-2)$

② n명 중에서 자격이 같은 대표를 뽑는 경우의 수(뽑는 순서와 관계가 없는 경우)

- 2명을 뽑을 때 → $\frac{n\times(n-1)}{2}$

  (A, B)와 (B, A)는 같은 경우이므로 2로 나눈다.

- 3명을 뽑을 때 → $\frac{n\times(n-1)\times(n-2)}{6}$

  (A, B, C), (A, C, B), (B, A, C), (B, C, A), (C, A, B), (C, B, A)는 같은 경우이므로 6으로 나눈다.

CHAPTER

05

여전히 떠도는 잘못된 교육 지식들

01

고등학교를 대비해서 많이 공부해야 한다?

아마도 이런 이야기는 학원 관계자들에게서 나오지 않았나 싶습니다. 일단 내 아이의 장래 희망이 육상 선수라고 해서 태어나자마자 바로 뛰게 할 수는 없습니다. 걸음마가 그 시작이지요.

그리고 우리 아이들은 성장기를 가집니다. 역시 좋은 근육을 갖게 하기 위한다고 기저귀를 차고 있는 상태에서 역기를 들게 만들면 안 되고요.

우선, 지금의 초등학생들에게는 규격화된 즉, 자신의 위치를 알 수 있는 난이도가 가미된 시험을 거의 볼 기회가 없습니다. 왜냐면 내신 반영이 되지 않기 때문이지요. 이 시기의 시험은 거의 변별력을 가미하지 않은 테스트의 일종인 셈입니다. 선생님이 어렵게 출제하면 점수가 뚝 떨어졌다가 쉽게 출제하면 점수가 쑥 올라가는 그런 종류의 시험 말이죠.

아무도 난이도 조절의 실패에 대한 이의를 제기하지 않는 시기입니다. 이런 이유 때문인지 초등 수학학원을 보면 이상한 형태의 학원들이 우후죽순으로 생겨나면서 성행을 하고 있습니다.

들쑥날쑥 난이도 조절에 실패한 시험으로 이런 학원들이 더욱 성행하게 된 것도 사실입니다. 이 틈을 노리고 초등학생 때부터 수학을 때려잡아야 한다는 생각을 부추기는 학원이 많이 생겨났습니다. 그건 말입니다. 몸에 좋다고 어릴 적에 보양식을 많이 먹이는 경우입니다. 그런 경우는 똥의 양만 늘어나게 됩니다. 소화되지 못한 영양분이 어디로 가겠습니까?

수학의 승부는 기초가 살짝 버무려진 상태인 중 2 때부터 납니다. 그전에는 무리하지 마세요. 좀 더 세밀하게 말하면요. 중학교 2학년 2학기부터입니다. 수능까지 장착해야 할 도형의 증명들이 나타나는 시기이거든요.

그 다음으로는 중학 수학의 점수에 대해 이야기하겠습니다. 먼저 중등 평가는 다음과 같습니다.

A등급	90점 이상
B등급	80~ 89점
C등급	70~ 79점
D등급	60~69점
E등급	60점 미만

이처럼 중학교는 상대 평가가 아니라 절대 평가입니다. 시험이 난이도에 따라서 영향을 받는 시기로 경쟁이 좀 덜한 경우이지요.

따라서 100점도 많이 나올 수 있는 상황입니다. 그리고 학교 선생님도 변별력에 좀 덜 신경 써도 되는 시기입니다. 이때는 학교마다 100점의 의미가 조금씩 다를 수 있습니다.

따라서 쉽게 출제하는 학교에서는 100점이 많이 나올 수 있고 어렵게 출제하는 학교는 상대적으로 적게 나오겠지요. 같은 100점이라도 분명 실력차이가 나게 되어 있습니다.

하지만 고등학교로 올라가면서 상황은 아주 치열해지게 됩니다. 평가 자체가 상대 평가로 바뀌며 학생들 간의 경쟁이 아주 심화되는 구조니까요. 아래의 고등 등급을 나타낸 표를 보겠습니다.

1등급	1~4%
2등급	5~11%
3등급	12~23%
4등급	24~40%
5등급	41~60%
6등급	61~77%
7등급	78~89%
8등급	90~96%
9등급	97~100%

1등급이 되려면 상위 4% 안에 들어야 하는 경쟁 구도입니다. 이제 아셔야 할 내용입니다. 수포자의 탄생은 수학 자체의 문제라기보다는 이러한 경쟁 구도가 오히려 더 부추긴다고 보시는 게 현실적입니다.

학교 선생님 입장에서는 등급별 인원을 나누기 위해서 어려운 문제로 변별력을 나누어야 하기 때문이지요.

내 아이가 어느 학교에 진학하게 될지도 모르는 상황에서 미래의 난이도 조절을 위해 초등학생일 때 어려운 수학으로 미리 대비하겠다는 것이 터미네이터도 아니고 좀 불가능한 준비 아닐까요?

왜 우리 아이들에게 미리 사서 고생을 시키려고 하십니까? 아이들도 힘들고 부모님의 돈도 많이 낭비됩니다.

수포자 양성은 수학의 개념이나 기초에 있는 것이 아니라 구조적 난이도 실패와 경쟁에 있는 것입니다. 초등학교 때 아무리 어려운 수학을 대비한다고 해도 그 공부는 자신이 어느 고등학교에 진학할지 모르는 상태에서 미리 선행을 하겠다는 의미입니다.

이제 윤곽이 나왔습니다. 초등학생 시기에는 그에 맞는 학습이면 충분합니다. 과하게 시킬 이유가 없음을 앞에서 수도 없이 이야기했습니다. 시기에 맞는 최선의 학습이 필요한 것입니다.

상대 평가에서 경쟁상대를 무시할 수 없습니다. 하지만 초등학생 시기에는 아직 나의 경쟁상대가 나오지 않았습니다. 전략적인 공부를 할 시기가 아닙니다. 제발 지나치게 많이 시키지 마시고 체력을 길러주세요.

아무리 어려운 문제라도 유형과 전략은 분명 있어서 그때가 되면 시행착오를 겪으면서 도전해야 할 숙제가 됩니다. 미리 한다고 결코 내공이 쌓이는 것이 아닙니다.

02

지켜야 할 학습법이 따로 있다?

초등학생들의 학습법에 대해 말하다 보면 학습시간에 대한 이야기가 나옵니다. 여러 가지 시간이 있지만 대략 2시간을 꼬박 매일 해야 한다는 것을 보고 놀랐습니다.

학교 수업과 학원을 다니는 것을 뺀 수학 공부 시간이라면 무시무시한 학습량입니다. 그 정도 학습량이면 고등학생들의 등급을 올릴 수 있을 것 같습니다.

그렇다면 어느 정도의 시간이 가장 적당할까요? 물론 학생에 따라 차이는 조금씩 있겠지만 저의 생각으로 1시간을 넘지 않았으면 좋겠습니다. 이 시간도 매일 한다면 결코 달성하기 쉬운 시간은 아닐 것입니다.

공부를 하면 게임을 할 때와는 전혀 다르게 시간이 흐르게 됩니다. 수학 공부를 하면서 1시간을 보내는 것은 어떤 학생에게는 한 달처럼 느껴질 것입니다.

욕심내시지 마시고 습관을 형성하겠다는 목표를 잡는 것이 좋습니다. 그런 습관이 형성되면 그때는 이 1시간을 알차게 활용하게 될 것입니다.

또, 이런 이야기가 있어요. "난이도별로 분류하여 학습을 시켜라." 기절합니다. 어떤 분류기준을 통해 난이도별로 묶어 준다는 말씀이신지. 문제집 저자로서 하는 말인데 난이도별로 묶는 것은 저자들도 힘듭니다. 또한 학생들마다 난이도 기준이 다른데 무슨 근거로 그런 말씀을 하시는지.

학교 선생님들도 난이도 분류에 실패하는 현실입니다. 인터넷에 이런 잘못된 이야기들이 떠돌고 있어 안타깝습니다. 그냥 문제집 한 권을 사셔서 풀려 보세요. 그러면 내 아이의 약점이 보이실 겁니다. 그 후, 다시 똑같은 문제집을 한 번 더 풀려 보세요. 내 아이의 학습 윤곽이 나타나며 그를 토대로 학습 전략을 세우면 됩니다. 거기서 시작하는 것입니다. 아이의 이야기를 듣는 것보다 훨씬 가시적인 경험이 될 것입니다. 단, 너무 어렵거나 두꺼운 문제집으로 활용하지 마세요.

초등학생 시기는 너무 어려운 문제를 푸는 시기가 아닙니다. 수학의 아웃라인과 전체 그림을 그리는 시기입니다. 조급해 하지 마세요. 실전트랙을 도는 것은 중 3부터이니까요.

하루는 기본서 10장, 다음날엔 응용서 7장, 그 다음날엔 올림피아드 3~4장, 이것을 실천한다고요? 수학의 모차르트를 만들 생각이신가요?

어릴 적에 생긴 수학 근육은 고등학생이 되면 수학 지방이 될 수도 있습니다. 이런 식의 학습을 자랑하시는 분들이 있는데 아직 이런 학습이 성공한 사례는 없습니다. 검증되지 않는 것을 가지고 우리 아이들에게 수학에 대한 거부감을 심어 주지 마세요.

1. 오답노트를 만들어라?

자주 실수하거나 틀리는 문제를 또 틀리게 되면 오답노트를 만들도록 시키는데 이것 역시 효과가 없습니다. 없을 뿐더러 또 하나의 짐이 됩니다.

원래 오답노트는 고등학생 때 푸는 긴 모의고사 풀이에 적용시키는 방법입니다. 초등 수학은 긴 풀이가 없습니다.

단순히 알고 숙지해야 할 내용을 굳이 오답노트까지 작성시키는 것은 어쩌면 보여 주기용이 아닌가 생각되는군요. 오답노트를 좋아하신다면 차라리 문제에 간단한 기호를 체크하도록 하시는 게 어떤가요? 뻔한 풀이에는 오답노트를 권하고 싶지 않습니다.

2. 생활 속 수학을 지도하라?

이런 지도 역시 썩 권하고 싶지 않습니다. 초등학생 때 말하는 응용 수학은 거의 껍질 끼워 맞추기입니다. 잘못된 논리 형성은 나중에 반드시 해악으로 돌아옵니다. 이 말의 취지는 수학은 원래 재미난 과목이 아니라는 것과 같은 맥락입니다. 수학 그 자체는 재미나지 않아요. 해 냈을 때의 성취감은 수학만의 고유한 성취감이 아니랍니다.

흥미를 유발시키는 것은 일회성, 이야깃거리이지, 그런 습관성 학습태도는 바람직하지 않습니다. 응용 수학은 나중에 과학과 결부시켜 나가는 수준 높은 영역입니다.

예를 들어 좌표인식 기술과 포인팅 디바이스 같은 것인데요. 이런 영역은 초등 수준을 넘어가게 됩니다. 억지로 끼워 맞춰서 일상 속의 생활 수학이라고 하지 맙시다.

3. 계산 실수 안 하는 방법을 가르쳐라?

계산 실수를 줄이는 법으로 이상한 방법을 동원하는 경우가 있는데 그러지 마세요. 학생 개개인의 임계점이 다 있습니다.

실수하지 않을 때까지 계속 반복 훈련하는 수밖에 없습니다. 어떤 학생은 5번 반복하면 되는 경우가 있지만 때에 따라 더 많이 해야 하는 경우도 있거든요.

모든 사람의 생김새가 다 다르듯이 각자의 임계점이 있으니 다른 학생들과 비교하시 마시고 내 아이의 기준을 찾아 나가면 됩니다.

목표를 가지고 결과를 이끌어 내면 되지 횟수를 가지고 아이들을 평가하지 마세요. 기죽일 필요가 전혀 없습니다. 각자 다 길이 있습니다.

4. 학교 진도보다 나만의 진도를 중요시 하라?

말도 아닌 소리 하지 마세요. 학교에서 치는 시험으로 아이들을 평가하면서 그런 소리를 하면 못 써요. 진도는 학교에 맞추세요. 예습보다는 복습이 훨씬 중요합니다.

뭐가 중요한지 모르고 배우는 학생 입장에서 예습은 아무래도 좋은 기준을 놓치는 일일 수 있습니다.

좋은 기준이 어디 있는지 아십니까? 바로 내 아이가 다니는 학교 선생님의 패턴입니다. 앞에서도 이야기했듯이 학교 선생님이 시험의 출제자이기 때문입니다.

사설 강사님들이 "이 문제 아주 중요하고 좋아."라고 말씀하시는데 그 기준은 뭔가요? 제가 볼 때 좋은 문제의 기준은 객관성에 있지 않아요.

그 기준은 출제자의 기준에 맞춰야 하는 것입니다. 막말로 시험에 나오는 문제가 좋은 문제 아닌가요?

학교 시험은 많이 출제되어 봤자 30문제 내외입니다. 그러니 출제자의 기준이 상당히 중요한 것이지요.

학교마다 시험 문제 역시 다릅니다. 비슷한 문제도 있지만요. 그러니 어떤 학교의 더 좋은 문제라고 단정할 수 없는 것 아니겠습니까? 그러므로 내 아이의 학교 선생님이 좋아하시는 문제가 우리 아이들에게는 가장 중요하고 좋은 문제입니다.

아시겠지요? 학교 수학의 기준은 언제나 우리 학교라는 것입니다.

이는 예를 들어 외고를 준비하는 학생이 과학고 문제를 가지고 공부해서는 안 되는 이유이기도 합니다.

그런데 왜 학교 외 사설 현장에서는 자기들의 입맛에 맞추려는 하는지 궁금하고 그런 것에 혹하시는 어머님은 또 왜 그런 걸까요?

젊어서 고생은 사서 한다고 그런 것이 아이들 훈련의 목적입니까? 제발 그 기준을 확실히 해 두세요.

저 역시 사교육과 공교육에 두루 몸담았지만 어떤 교육이던 도구가 아니라 사고의 차이가 문제인 것 같습니다.

사교육은 스스로 하는 공부습관에 방해가 된다고 하는데 그 말도 끼워 맞추기식 표현이라 웃음이 피식 나옵니다.

사교육과 공교육의 근본적 차이는 교육 당사자가 누구냐의 차이밖에 없습니다. 공교육을 하면 학생 스스로의 자립도가 증가합니까?

그건 교육 체제의 차이가 아니라 학생 개개인의 태도와 습관의 차이입니다. 포인트를 잘못 집고 하는 이야기란 거죠.

그러면서 한다는 이야기가 학원을 안 다니고 공부하면 지금 당장은 뒤처지는 것처럼 보여도 나중에는 스스로 학습하는 습관이 생겨서 더 나아진다는 뜬구름 잡는 이야기를 합니다. 재밌습니다. 어떤 교육이던 간에 그것은 개인의 노력 차이이면서 스스로의 임계점을 넘겨야 결과가 나오는 것입니다. 그런 소리는 모든 학생들의 개별성을 무시하고 집단화시켜서 나타내려는 오류입니다.

수학 공부를 잘하는 이유는 반드시 힘든 과정을 거쳐서 이루어 낸 결과라는 것을 간과해서는 안 됩니다.

가장 쉬워 보이는 것도 해 보면 힘든 경우가 많습니다. 그만큼 이룬 이들은 그만한 노력을 한 것입니다. 공짜로 이루어진 것이 아니란 것입니다.

03

인기 동영상 강의가 대세다?

초등학생들의 교육 동영상에 대한 몰입도는 얼마나 될까요? 평균 10분을 넘기지 않는다고 합니다. 정말 한심하다고 생각되나요? 그렇다면 성인의 몰입도는 몇 분일까요? 높습니다. 평균 12분입니다.

사실 수학을 동영상 강의로 공부한다는 것은 앞으로의 대세이긴 하지만 만족한 결과를 얻을지는 미지수입니다.

또한 고등부 EBS 영상을 빼고는 그 실효성에 의문이 많이 듭니다.

초등학생 시기에는 정말 수학의 기초를 깔아 두는 시기이니 되도록 감수위원이 잘 만든 EBS의 강의를 들었으면 좋겠습니다.

정말 연구하지 않는 이상한 강사들이 제법 있습니다. 아이들의 재미있다는 말만 듣지 마시고 어머님의 시각으로도 판단하지 마세요.

아이들은 배우는 과정이므로 어떤 가르침이 바른지 모릅니다. 어머님 역시 학창 시절이 좀 지났다면 판단 기준이 흐려져 있을 수도 있어요. 차라리 유튜브에서 용어나 개념에 대한 강의를 그때그때 찾아보는 것이 더 나을 수도 있습니다.

아직은 고등학생의 동영상 강의 빼고는 들을 만한 것이 사실은 없습니다. 점점 좋아지고 있다고 하지만 아직은 하지 마세요.

잘못된 배움이 몸에 배이면 물이 잘 빠지지 않습니다. 그들은 아주 달콤하게 가르치기 때문이지요. 같은 맥락이지만 초등부에서 재미난 강의를 한다고 소문난 학원에는 보내지 마세요. 재미없는 수학에 재미를 가한다는 것은 유기농 강의가 아니라 방부제가 들어 있는 수업일 수 있습니다.

04

학습 로드맵 짜는 법

첫째, 수학을 싫어하는 학생이라면 학습량을 늘리지 말고 매일 조금씩 하도록 유도합니다. 빠트리지 않고 하는 것이 핵심입니다. 개근상을 받으면 포상을 해 주세요.

둘째, 문제집은 개념서 위주의 책을 선택하여 자꾸 풀려 주세요. 고학년이라면 풀이집도 풀려 주시고요. 싫증날 때쯤 되면 쓰게 해 주세요. 문제와 풀이를 쓰는 깜지 형태의 학습도 괜찮습니다. 아무리 열심히 해도 사람이면 누구나 까먹거든요.

제가 초등학생을 지도할 때는 재미를 주기 위해 풀이를 쓰게 해서 문제를 찾게 하기도 했습니다. 반드시 수학에서 학습의 재미를 발견하도록 하세요. 물론 쉬운 일이 아닙니다.

제가 왜 이런 이야기를 하냐면 하버드대학교 신입생들은 입학하고 한 학기동안 공부하는 법을 배운다고 하네요.

수학의 길은 학창 시절만 12년입니다. 지겨운 길이 될 겁니다.

그렇다면 반드시 학습의 방법을 알아 놓는 것도 좋은 전략이 될 것입니다. 스스로 즐길 수 있을 때까지 길을 계속 제시해 주세요. 그것을 포기하는 순간 수포자가 되는 것입니다.

초등 연산 역시 학년을 구분하지 마시고 아이가 계속 할 수 있도록 유도하세요. 나중에 한약처럼, 정말 효과가 나올 것입니다.

학원을 보내려면 중등부가 활성화된 학원을 추천합니다. 그러면 아무래도 연계가 잘 될 것입니다.

중등 선행 시기는 초등 6학년 겨울 방학이 좋습니다. 함수의 맛이 살짝 등장하는 시기에 연관되어 들어가는 것이 도움이 되기 때문입니다.

요즘에는 선행이 가능한 학습서들도 많이 등장하고 있습니다. 되도록이면 두껍지 않은 교재를 선택하는 것이 필수 조건입니다.

6학년 2학기 전에 하는 것이 의미가 없는 이유는 초등 수학은 아직 대수학이 등장하는 시기가 아니거든요. 아무래도 연계성이 떨어진다고 볼 수 있지요.

미리 시작해 봤자 초등 수학과 혼란만 가중시키게 됩니다. 흔들리지 마시고 기다리세요. 책임지겠습니다.

문제집은 학교 선생님이 가지고 있거나 선호하는 것을 사세요. 아무래도 아이들은 문제 형식이 약간만 달라도 다른 문제라고 인식하게 되니까요. 그래서 선생님이 가지고 있는 문제집을 선택하는 것이 유리합니다. 쪽지 시험을 보더라도 말입니다.

특히 기본, 응용, 심화 단계 중에서 응용만 사세요. 문제집을 훑

어보니 응용을 좀 더 신경 써서 만드는 것 같아 보입니다. 선생님들이 출제하기 편한 형태가 바로 응용 문제집입니다.

이젠 중등 수학의 로드맵을 알아보겠습니다. 중학생이 되면 스스로 공부하는 시간을 늘려야 합니다. 수학 공부가 뜨거워지는 시기이니까요.

주로 시험 기간인 중간고사, 기말고사를 중심으로 계획을 짜야 합니다. 1년에 4회의 시험을 치르잖아요. 고등학교 입학에 영향을 미치는 시험이고요. 전략은 전체 일정에 맞추어야 합니다.

먼저 교과서를 4등분합니다. 그렇게 차례로 1/4씩 대응시켜 나가면서 1학기 중간고사 및 기말고사, 2학기 중간고사 및 기말고사에 딱 맞게 진도를 정해 줍니다. 나머지는 우리 아이의 약점을 커버하는 전략을 짜면 됩니다.

일단 공부 방법으로는 수학 교과서를 2회 정독합니다. 그리고 예제를 끝까지 쭉 범위 내에서 풀어 봅니다. 단 이때는 예제에 딸린 기본문제는 건너뜁니다. 왜냐면 시험범위 전체를 문제를 통해 익혀 보는 시간이기 때문입니다.

이렇게 순차적으로 공부하는 것이 효율적입니다. 그 다음에는 기본문제도 같이 풀어 줍니다. 반복해 주는 것이죠. 그렇게 어느 정도 실력이 올라오면 연습문제를 풀고 단원 종합문제도 곁들입니다.

그 후 우리는 탐험을 나섭니다. 학교 선생님의 책상을 보며 어떤 문제집이 있는지 파악합니다. 그 문제집을 사서 자신의 실력을 파악하고 보충해 줍니다. 이로써 내신 준비는 완료됩니다. 학교 교무실에 들어가기 힘들면 작년, 재작년에 출제된 문제가 어느 문제집에 있는지 파악합니다. 무턱대고 어려운 문제집으로 뇌에 충격을 줄 하등의 이유가 없습니다.

이렇게 문제집을 선택하여 푸는 데 같은 문제집 여러 권을 이용하는 방법도 괜찮습니다. 이렇게 하는 학생들도 제법 많았습니다. 결과도 잘 나왔고요

이렇게 자신의 방법을 찾아가는 것이 자기 주도 학습의 목표가 되어야 합니다. 중학생이 되면 인터넷 강의를 활용하는 것도 좋습니다. 사설학원보다도 유용하게 쓰일 때가 있고요.

필요하다면 과외 선생님을 활용하는 것도 좋습니다. 아이에게 잘 맞는 것보다는 수학 전공자를 선택해 주세요. 대학생 과외라면 말입니다.

중학생이 되면 검정된 교과서가 아마도 10여 종 될 것입니다. 상위 성적을 유지하기 위해서는 3종 정도는 구비하는 것이 탄탄한 기초를 잡는 데 도움이 될 것입니다.

문제 다 거기서 거기다고 하는 분들이 있는데 아이들이 인식하는 것은 그렇지 않습니다. 그리고 그것은 숫자만 바뀌어도 다르다고 생각하는 아이들의 잘못이 아닙니다.

05

선행 학습이 반드시 필요하다?

선행 학습이 도움이 된다, 안 된다고 말이 많습니다. 이 문제는 쉬운 문제가 아닙니다. 한 가지 사례를 살펴보면 예전에 특목고가 활성화되었을 때 선행을 하지 않은 학생들은 도저히 수업을 따라갈 수 없었습니다.

선행을 하지 않은 학생은 점수를 제대로 받지 못한 것이 사실이었습니다. 학교 진도 역시 빨랐습니다. 중학교 때 벌써 고등 수학 상, 하와 수 1, 수 2를 다 학습하고 올라오니까, 한 학기를 선행하고 온 학생들을 이길 수 없는 상황이었습니다.

결론을 말씀드리면 중학교 3학년 시기에 고등학교 선행은 정답인 것 같습니다. 하지만 초등 수학의 선행은 아직 결과가 가시적이지 않습니다. 학부모님들이 많이 시키시는 이유로는 아마도 불안 심리 때문이라고 봅니다.

비유를 들어 설명하는 것이 좀 더 전달이 잘될 것 같아 보입니다. 마차를 모든 사람이 타고 다니는 시기라고 봅시다. 아무리 좋은 말로 훈련을 시키더라도 자동차 운전보다 속력이 상승하지 않는 것과 같습니다. 이 말은 초등 수학이 바로 고등 수학으로 접근하기에는 기술적인 문제가 있다는 뜻입니다. 결국 중학교 과정을 거치면서 그 기술이 남아 있지 않기도 합니다. 그래서 초등 수학의 선행은 결국 아무런 의미가 생기지 않을 수도 있습니다.

계속 하지 않으면 망각되기 때문이지요. 왜 이런 말을 하냐면 초등학생들이 《수학의정석》에 나오는 수준의 문제를 공부하는 것을 보고 말씀드리는 것입니다.

머릿속에 남는 훈련은 의식적이고 의미 있는 훈련이 아니면 실효성이 없습니다. 그냥 본다고 머릿속에 각인되는 것이 아니란 뜻이지요.

모의고사 전문가들은 말합니다. 시간 안에 문제를 해결하려면 문제 유형과 패턴의 구조를 암기해야 한다고 말입니다.

즉, 그 말은 이해해서 해결하기에는 그 문제에 주어진 시간이 한정적이란 뜻입니다. 결국 해결해 내지 못한다는 뜻이기도 하고요. 처음 보는 문제를 이해해서 풀기에는 불가능한 구조이기 때문입니다.

결국은 유형 파악을 통한 패턴별로 숙지해야 한다는 뜻입니다. 그걸 선행의 형태로 알아두겠다는 말은 어릴 적 기억을 모두 간직하겠다는 것만큼 무리수가 있는 말입니다.

또한 중학교 수학과 고등학교 수학과의 난이도 차이는 혁혁합니다. 선행을 한다면 중학교 3학년쯤에 적당합니다. 망각곡선을 잘 살펴서 시작하도록 하세요. 하더라도 철저히 하세요.

초등, 중등 단계에서 어설픈 선행은 하지 마세요. 돈만 낭비하는 것입니다. 어떤 측면에서 효과가 있기는 합니다. 불안 심리는 잠재워 주는 효과. 하지만 학습효과에 대한 기대는 하지 마세요. 그냥 교과 과정에서 최선을 다하도록 하세요. 선행은 시기가 있습니다. 유행이 아니에요. 상대평가의 시기에 맞추어 시작하는 것입니다.

06

내 아이가 성적이 나오지 않는 결정적 이유

초등 수학 같은 기초 수학은 태생이 고대인들이 땅을 측량한다든가 상인들이 물건을 셈하기 위해 생겨난 학문입니다.

그런 측면의 재미를 초등학생에게 주는 것은 괜찮지만 이상한 오락적 요소를 넣어 가르치는 것은 오히려 장기적 관점에서 독이 됩니다.

이런 마케팅적 요소가 교과서까지 침투했으니 참 한심한 일입니다. 그래서 현명하신 부모님은 나름의 커리큘럼을 가지고 자기 아이의 수학 학습을 자체적으로 짜기도 합니다.

이런 현실에서 초등학교에서 시험이 사라진 것은 오히려 약이 되었습니다. 오류가 범벅인 교과서에 물들지 않고 학원에서 나름 선방을 하고 있으니까요. 문제집 출판사들도 이들의 흐름에 완전히 동조하지 않고 나름 문제를 잘 만들어 두었습니다. 왜냐면 대형 문제집 출판사들은 그들이 수십 년 간 쌓아온 전통 아닌 규칙이 있으니까요. 어쩌면 초등 교과서 집필진보다 더 정통파라고 할 수 있습니다.

이제는 "열심히 했는데도 안 돼요."라고 하는 학생들에게 대한 답변이 중요할 것 같습니다. 나머지는 열심히 안 해서 그런 거라 뭐라 드릴 말씀이 없습니다.

우리가 물컵에 물을 따를 때 어느 정도 물이 차야 넘쳐흐릅니다. 물을 부었다고 바로 넘치는 것이 아닙니다. 물이 컵의 높이를 넘어설 때 비로소 물이 넘칩니다.

모든 일이 다 그렇습니다. 물을 붓다가 지쳐 그만두면 아무런 결과물이 없습니다. 반을 부었다고 해도.

조금은 부으나 거의 다 차게 부으나 물이 넘치는 결과를 보지 않으면 결과는 마찬가지로 아무것도 아닙니다.

물컵의 물을 넘치게 하는 그 점이 바로 바로 임계점입니다. 노력의 임계점. 문제는 각자의 임계점이 다 다르다는 것입니다. 넘칠 때까지 아무리 힘들어도 노력을 부었던 아이는 극복을 해 냅니다.

중간에 포기하면 수포자가 되는 것입니다. 반드시 이겨 내겠다는 각오로 끝없이 노력하여 내 아이가 임계점을 넘기는 승리를 할 수 있도록 노력에 응원과 지원을 아끼지 말아야 합니다.

힘든 일이지만 수학은 잘하는 아이들은 반드시 그 지점을 극복한 아이입니다. 잘하게 된 것이 그냥 된 것이 아니란 것입니다. 노력은 결코 배신하지 않습니다.

분명히 말씀드리면 그 아이들도 힘들게 했다는 점을 명심해야 합니다. 내 아이에게 최고의 선물은 끈기라는 선물을 주세요.

초등학교 추천 문제집

문제집	제목	출판사	특징
최상위 연산은 수학이다. 6A	최상위 수학 연산	디딤돌	이 책을 추천하는 이유로는 아무래도 오래된 노하우 축적이라고 봅니다. 디딤돌출판사는 수학에 강점을 두고 있으며 내용상으로도 알차게 구성되어 있습니다. 연산을 체계적으로 교육 기반에 맞추어 구성되어 있다는 장점을 지니고 있습니다. 단계별 학습을 할 수 있다는 장점이 특히 눈에 띕니다.
쎈 초등 수학 6-1	쎈 수학	신사고	쎈 수학은 고등 수학에서 출발한 문제집입니다. 그 후 탄탄한 베이스를 깔고 중학 수학의 강자로 떠오르면서 다시 초등 수학에서도 좋은 문제집으로 활약하고 있습니다. 문제 수가 다양하게 구성되어 있는 특장점이 있어요. 약간 아이들이 힘들어 할 수 있기 때문에 주의하여 지도해 주면 좋습니다.
초등 도형 21일 총정리	초등 도형 21일 총정리	시소스터디	다른 도형을 정리한 책들을 보면 억지스런 스토리텔링과 연관시켜 학생들에게 도형의 원래 맛을 많이 희석시키는 경향을 보입니다. 하지만 이 책은 앞으로 중고등학생으로 올라가면서 연관성을 지닌 도형에 중점을 주면서 알차게 구성되어 있었습니다.

중학교 추천 문제집

문제집	제목	출판사	특징
쎈 중등 수학 1-2	쎈 수학	신사고	아무래도 중등 수학 문제집에서는 쎈 수학을 무시하지 못합니다. 그 이유로는 다양한 문제 수록에 있거든요. 난이도별 묶음 역시 타 문제집과 비교했을 때 추종을 불허하고 있지요. 하지만 수학을 힘들어하는 학생들에게는 하나의 장벽이 될 수도 있습니다.
개념+유형 기초탄탄 LITE 1-1	개념+유형	비상	스스로 기초를 쌓고자 하는 학생들에게 적극 추천합니다. 개념 정리가 나름 충실히 되어 있습니다. 문제 구성 역시 체계적으로 잘 짜여 진 특색을 가지고 있어요.
최상위 수학	최상위 수학	디딤돌	꾸준한 마니아층을 가지고 있는 상위급 문제집입니다. 어렵게 출제되는 학교라면 반드시 한 권 정도는 풀어 봐야 할 문제집이지요. 문제 수가 좀 부족한 점이 있지만 결코 짧은 시간에 마스터할 수 있는 책은 아닙니다.

수학 관련 추천 도서

문제집	제목	출판사	특징
	피타고라스가 들려주는 수열 이야기	자음과 모음	수학의 전 과정에 대한 전체적 그림을 그리기 위한 수학 관련 추천 도서입니다. 이야기 형식으로 재미나게 꾸며져 있습니다. 초등생이 보기에는 좀 어려운 감이 있지만 전체 그림을 형성하는 차원에서 추천 드립니다.
	초등 수학 개념 사전	아울북	개념이 약한 초등생이나 다시 개념을 잡고 싶은 학생들에게 추천하고자 하는 책입니다. 수학의 전체 그림을 한 권에 볼 수 있고 자신의 부족한 부분을 찾아서 일목요연하게 볼 수 있다는 장점을 지니고 있습니다.
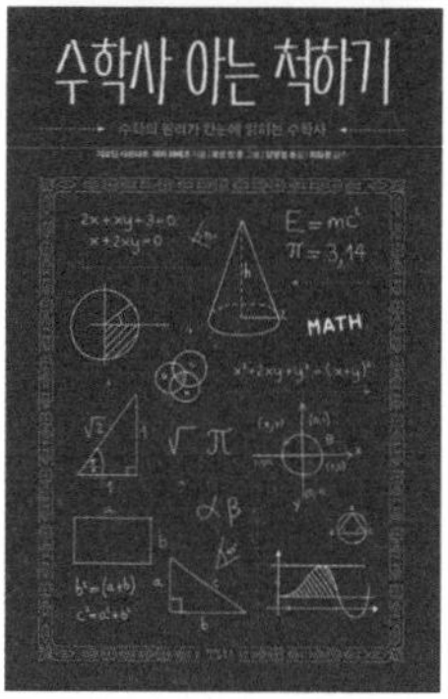	수학사 아는 척하기	팬덤 북스	이 책은 약간 어려운 감이 있지만 말 그대로 수학사 전체를 한 권으로 꿰뚫을 수 있는 장점을 지니고 있습니다. 어차피 수학사라는 것에는 어려운 부분이 있지만 한 권으로 잘 정리된 책임에는 틀림이 없습니다. 읽다보면 전체 그림이 그려질 것입니다.

부록

중학교 서술형 대비를 위한 문장제 공략

이제 중학생이 되면 서술형이 30~50%나 됩니다. 나머지만 객관식이 차지하는 비율이죠. 아이들은 서술형을 상당히 힘들어 합니다. 연습이 되어 있지 않으면 손도 못 대는 경우가 발생하기도 합니다.

그래서 서술형 준비의 일부인 수학의 문장제 문제를 유형별로 공략해 보도록 하겠습니다. 실컷 서술하고도 감점되는 일이 없었으면 하는 마음입니다.

문제

가로의 길이가 180cm, 세로의 길이가 120cm인 직사각형의 벽에 가능한 한 큰 정사각형의 타일을 빈틈없이 붙이려고 합니다. 이때, 가장 큰 타일의 한 변의 길이는 몇 cm로 하여야 할까요?

이 문제를 예로 들은 이유는 초등 과정에도 이런 문제가 나오기 때문입니다. 여기서 문제의 키포인트는 '가능한 한 큰~'이라는 문장제에 있습니다.

수학에서 이런 말이 나오면 거의 최대공약수 문제라고 보시면 됩니다. 그래서 가로 180과 세로 120의 최대공약수를 구해 보도록 합니다.

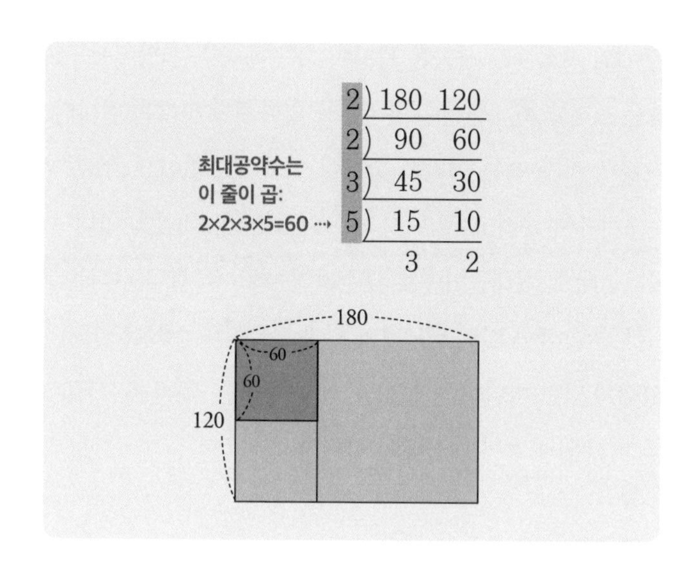

위 그림과 같은 형태로 가로 세로 60짜리인 정사각형을 붙여 나갈 수 있다는 말입니다. 그림을 잘 보고 이해하도록 하는 것이 도움이 됩니다.

다음과 같은 과부족 문제 역시 서술형에서 잘 다루는 문제입니다.

문제

바나나 27개, 배 46개, 사과 77개를 되도록 많은 학생들에게 똑같이 나누어 주었더니 바나나는 3개가 부족하고 배와 사과는 각각 1개, 2개가 남았다고 합니다. 이때, 나누어 줄 수 있는 학생은 최대 몇 명일까요?

위 문제의 핵심체크 사항은 똑같이 나누어 준다는 말에서 약수의 개념을 느끼고 최대공약수 문제임을 알아채야 한다는 겁니다.

그런데 이 문제는 약간의 함정이 도사리고 있어요. 바로 '바나나는 3개가 부족하고 배와 사과는 각각 1개, 2개가 남았다'는 구절에서인데요. 최대공약수로 맞추려면 3개 부족한 바나나는 채워 주어야 하고 남아 있던 배 1개와 사과 2개는 빼 주어야 합니다.

그렇게 되면 바나나는 30으로, 배와 사과는 각각 45, 75로 맞추어 놓고 다음과 같이 계산해야 합니다.

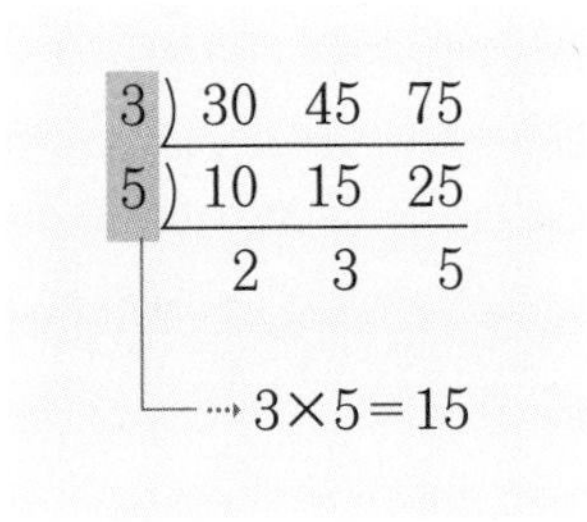

$$\begin{array}{r|rrr} 3 & 30 & 45 & 75 \\ \hline 5 & 10 & 15 & 25 \\ \hline & 2 & 3 & 5 \end{array}$$

$\cdots 3 \times 5 = 15$

이와 같은 계산을 통해 바나나, 배와 사과는 최대 15명의 학생에게 똑같이 나누어 줄 수 있다는 사실을 알게 됩니다.

일정한 간격으로 나무를 심거나 가로등을 설치하는 문제 역시 빠트릴 수 없습니다.

문제

두 변의 길이가 각각 60cm, 96cm인 직사각형의 땅이 있습니다. 이 땅의 둘레에 같은 간격으로 나무를 심으려고 합니다. 직사각형의 네 꼭짓점에는 반드시 나무를 심고, 심은 나무의 개수가 최소가 되게 하려면 나무 사이의 간격은 몇 m로 하여야 할까요?

최소라는 말을 보면 최소공배수 문제 같아 보여도 나무를 최소로 심으려면 나무의 간격은 최대가 되어야 하므로 최대공약수 문제가 됩니다. 이 사실만 파악되면 계산은 간단합니다. 따라서 나무의 간격은 12m입니다.

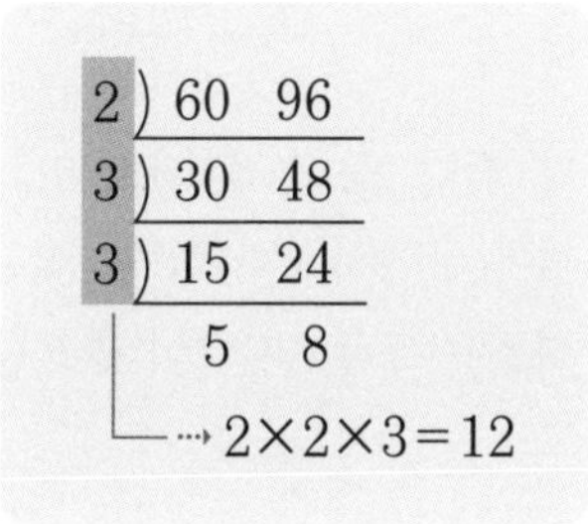

```
2 ) 60  96
3 ) 30  48
3 ) 15  24
     5   8
└→ 2×2×3=12
```

이제 최소공배수 문제를 알아보도록 하겠습니다. 최소공배수 문제는 '곱한다'라는 의미의 문장이 들어 있습니다.

문제

가로의 길이가 5cm, 세로의 길이가 6cm인 직사각형의 벽지가

있습니다. 이 벽지를 빈틈없이 여러 장 늘어놓아서 가능한 한 크기가 가장 작은 정사각형의 벽에 붙이려면 한 변의 길이는 얼마일까요?

정사각형의 벽에 벽지를 붙이려면 직사각형의 배수가 필요합니다. 그런데 문제에서 가능한 한 크기를 작게 하고 있으므로 최소공배수임을 파악할 수 있습니다.

계산은 초등학생 때 배운 대로 하면 무난합니다. 5와 6의 최소공배수는 5×6=30입니다.

다음은 자주 등장하는 최소공배수의 문제입니다.

문제

가로, 세로, 높이가 각각 8cm, 20cm, 16cm인 벽돌이 있습니다. 이것을 빈틈없이 쌓아서 가능한 한 작은 정육면체 모양을 만들려고 합니다. 벽돌은 모두 몇 장이 필요할까요?

'가능한 한 작은'이라는 말에 최소의 느낌을 풍기고 있지만 쌓아서 정육면체를 만들어야 하므로 배수의 느낌도 있습니다. 그래서 이 문제는 최소공배수의 문제입니다.

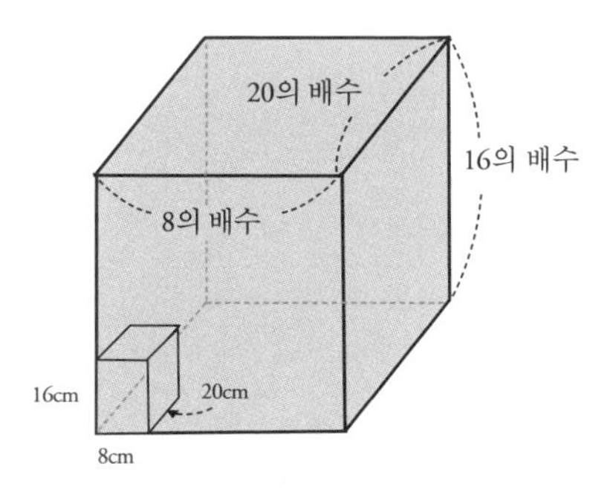

이제 수식 계산을 하겠습니다.

$$
\begin{array}{r|rrr}
2 & 8 & 20 & 16 \\ \hline
3 & 4 & 10 & 8 \\ \hline
3 & 2 & 5 & 4 \\ \hline
 & 1 & 5 & 2
\end{array}
$$

$\rightarrow 2\times3\times3\times1\times5\times2=80$

계산을 해 보니 최소공배수의 값은 80입니다. 그런데 여기서 끝난 것이 아닙니다. 벽돌의 개수를 구하는 문제이거든요. 가로의 8cm를 이용하면 80÷8=10으로 가로에는 10개의 벽돌이 들어갑니다. 세로는 80÷20=4이므로 4개의 벽돌이 들어갈 수 있습니다.

이제 높이입니다. 80÷16=5 , 높이에는 5장의 벽돌이 채워집니다. 여기서 채워지는 벽돌의 개수는 10×4×5=200으로 필요한 벽돌은 200개입니다.

톱니바퀴 문제는 최소공배수 문제를 만들 수밖에 없습니다.

문제

서로 맞물려 도는 톱니바퀴는 A와 B가 있습니다. A와 B의 톱니 수는 각각 12개, 18개입니다. 두 톱니바퀴가 돌기 시작하여 다시 처음의 위치로 돌아오려면 A와 B는 각각 몇 바퀴를 돌아야 할

까요?

일단 톱니바퀴는 맞물려 돌아가므로 배수라는 것을 알 수 있습니다.

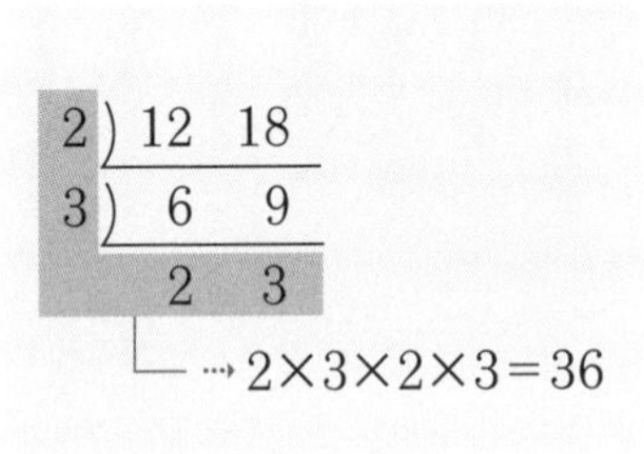

$$\begin{array}{r|rr} 2 & 12 & 18 \\ \hline 3 & 6 & 9 \\ \hline & 2 & 3 \end{array}$$

$\cdots 2 \times 3 \times 2 \times 3 = 36$

이 문제 역시 최소공배수에서 끝나는 문제가 아닙니다. 두 바퀴가 돌아간 횟수를 묻는 문제이니까 $36 \div 12 = 3$으로 A 바퀴 수는 톱니 수로 나누면 나옵니다. 같은 방식으로 $36 \div 18 = 2$ B의 톱니바퀴는 2바퀴를 돕니다.

이 정도 학습이라면 중등 서술형과 문장제에 대한 그림이 나올 겁니다.